无公害蔬菜病虫鉴别与治理丛书

总主编　郑永利

主编　郑永利　吴华新　孟幼青

西瓜、甜瓜病虫原色图谱

（第二版）

浙江科学技术出版社

图书在版编目（CIP）数据

西瓜、甜瓜病虫原色图谱/郑永利，吴华新，孟幼青主编.
—2版. —杭州：浙江科学技术出版社，2017.12
（无公害蔬菜病虫鉴别与治理丛书）
ISBN 978-7-5341-5106-4

Ⅰ. ①西… Ⅱ. ①郑…②吴…③孟… Ⅲ. ①西瓜—病虫害—图谱 ②甜瓜—病虫害—图谱 Ⅳ. ①S436.5-64

中国版本图书馆CIP数据核字（2012）第233155号

丛 书 名	**无公害蔬菜病虫鉴别与治理丛书**
书　　名	**西瓜、甜瓜病虫原色图谱（第二版）**
主　　编	郑永利　吴华新　孟幼青

出版发行	浙江科学技术出版社
	网址：www.zkpress.com
	杭州市体育场路 347 号
	邮政编码：310006
	销售部电话：0571-85171220
	编辑部电话：0571-85152719
	E-mail：zkpress@zkpress.com
排　　版	杭州万方图书有限公司
印　　刷	豪波安全科技有限公司
经　　销	全国各地新华书店

开　　本	890 × 1240　　1/32	**印　张**	5.75
字　　数	160 000		
版　　次	2017 年 12 月第 2 版		2017 年 12 月第 13 次印刷
书　　号	ISBN 978-7-5341-5106-4	**定　价**	30.00 元

责任编辑　詹　喜　　**责任美编**　金　晖
责任校对　赵　艳　　**责任印务**　叶文炀

无公害蔬菜病虫鉴别与治理丛书
编辑委员会

《西瓜、甜瓜病虫原色图谱》（第二版）
编著人员

主　　编　郑永利　吴华新　孟幼青

副 主 编　汪炳良　冯新军　褚剑峰

编著人员　（按姓氏笔画排序）

王迎儿　冯新军　庄齐标　李俊敏　杨凤丽
吴华新　汪炳良　张　丹　郑永利　孟幼青
高青梅　褚剑峰

綠色植保
讓農產品
更安全

為無公害蔬菜病蟲鑒別與治理丛书题

健東

（林健东：浙江省农业厅厅长）

第二版说明

在浙江科学技术出版社的大力支持下，历经近五年的孕育，《西瓜、甜瓜病虫原色图谱》（第二版）即将出版发行。虽然称之为第二版，但无论是从技术内容看，还是从病虫图片看，这都是一本全新的西瓜、甜瓜病虫害防治科普图书。新版图书与第一版最大的关联就是秉承了“面向基层、面向群众”的创作理念和图文并茂的创作手法，紧贴生产，不忘初心，始终追求“一看就懂、一学就会、一用就灵”的创作效果。

新版图书共收录41种西瓜、甜瓜常见病虫害和189幅高清数码图片，其中新增病虫害3种，新增图片61幅，更新图片50幅，并根据最新研究成果对病虫防治技术进行了全面修订，大力倡导应用绿色防控技术和产品，确保西瓜、甜瓜高效安全生产。新版图书还采用当前国际通用的《国际藻类、菌物和植物命名法规》《国际细菌命名法规》和国际植物病毒分类系统等对西瓜、甜瓜病原菌分类地位进行了重新修订。同时，根据生产实际需求，增设了“专家提醒”模块，对西瓜、甜瓜生产中的常见技术难题、质量风险关键控制点等进行重点剖析或特别提示。此外，新版图书在附录中专门增编了西瓜嫁接技术要点、西瓜连作地土壤消毒技术要点、西瓜中农药最大残留限量标准、甜瓜中农药最大残留限量标准等技术资料，以期更好地服务生产。

作者

2017年8月

回首十七年（代序）

“韶华如梦惊觉醒，十年弹指一挥间。”距第一版图书出版发行已经12年，倘若从构思的那一刻算起，已有足足17个年头了。

事实上，在浙江大学攻读在职研究生期间，由于研究植保专家系统需要，我收集并整理了大量文献资料和科研成果，并结合生产实际进行了分类归纳。在此过程中，夜以继日地研读与分析各种资料，日积月累，并内化于心时就产生自己写书的念头。然而，我始终没有付诸行动，不仅是因为对自己的能力和水平缺乏足够的信心，更纠结的是以什么样的形式来编写真正意义上的科普图书。

我的创作灵感来源于2000年夏天短期访问澳大利亚昆士兰基础产业部时与当地昆虫科普读物的邂逅以及与布莱文女士关于农技科普推广方面的交流。在从悉尼返程的飞机上，我深深地陷入了冥想，那些一闪一闪的火花慢慢地在脑海中凝聚起来，变得愈来愈清晰。

当年令我兴奋不已的灵感，简单地说，就是图书的受众定位、表达方式和实现路径。20世纪末是浙江省农业种植结构调整最为显著的时期，彻底改变了以往“以粮为纲”的单一种植传统方式，“精、特、优”果蔬种植业迅猛发展，浙江省蔬菜播种面积在三五年内由两三百万亩上升到千万亩以上，并且“一乡（镇）一品”等规模化、集约化经营模式不断涌现，同时，种植结构调整催生了一批新型农业经营主体——种植大户，他们亟需新技术的科学普及。因此，图书最大的读者群就是他们，图书就定位为“面向基层、面向群众”。当时突如其来的想法，如今看来却是如此的精准。正是这“两个面向”的定位，使得图书的创作与发行水到渠成。自《无公害蔬菜鉴别与治理丛书》出版以来，图书数十次重印，累计发行几十万册，彻底摆脱了农业科普图书印次、印量少，甚至首次印刷的千余册还束之高阁或置于仓库旮旯的状况。

既然图书是“面向基层、面向群众”，那就得让农民“读得懂”。因此，图文并茂和通俗易懂的表达方式便成了图书的不二选择。虽然在如今的读图时代这早已成了各类读物的基本形式，但当我们穿越时空回到17年前，要真正做到这一点却不是件容易的事情。那时候的植保科普图书基本以文字描述为主，所谓的“图”是指图书中少得可怜的插图，那都是一些资深的老先生们纯手工绘制的黑白点线图和彩色模式图。能在图书的前面和后面集中插入一些用胶片相机拍摄的小尺寸的病虫图片，那都是凤毛麟角了。这主要受当时技术、交通以及观念等多方面的局限所致，特别是胶片摄影的拍摄容量以及无法“即拍即见”的制约，使得系统地获取病虫生态图像并以一病（虫）一图甚至一病（虫）多图的形式逼真地再现田间病虫为害场景，变得异常困难。

如何在胶片摄影时代实现图文并茂地表达图书内容，也就是实现路径，成为创作灵感落地生根的关键所在。可能是那段时间经常琢磨专家系统的缘故，脑海中突然就冒出了“群集法”这个方法。于是，我开始寻找志同道合的小伙伴一起组建创作团队，最终团队规模达50余人。俗话说“众人拾柴火焰高”，以人海战术、抱团作战的方式，以种植结构调整为主线，针对重点作物、重点时期、重点病虫害开展群集拍摄，不怕重复，只怕漏拍，以人力集聚跨越时空局限，以智力集聚突破水平有限。而正当我和小伙伴们背着海鸥、理光，揣着柯达、富士，热火朝天拍摄病虫害图片时，一场以计算机应用为核心的信息技术革命悄然而至。

20 世纪 90 年代，享受着包房、空调、地毯等优厚待遇的电脑，终于走出深闺大院，进入寻常百姓家庭。DOS、金山 WPS 时代终结，微软的经典作品 Windows98、Office 成为日常办公新助手。随之而来的数码相机、大容量存储器、便携式电脑等，更为系统地实地采集大量病虫图片提供了极大的便利，而这恰恰也是图书创新的关键。于是，小伙伴们“鸟枪换炮”，纷纷扛起 Sony、Canon，带着存储卡，背着笔记本电脑，再次出征，深入田间地头，只拍烂菜、烂叶，不屑美景风情。

图文并茂仅仅解决了“读得懂”，而我更希望图书让农民真正“用得上”。只有源于实践而又高于实践的先进、实用且便捷的技术，才是农民真正渴望的“用得上”的技术。因此，创作团队在继续大量实地采集原创图片的基础上，又以各类科研项目为依托，开展大量的观测调查、试验示范、技术创新和成果转化等工作。很多疑难病虫害被陆续送到浙江大学、中国农业科学院等单位，请专家、学者鉴定，对很多病虫的生物学特性、灾变规律、影响因子等进一步调查，在此基础上，高效环保的防控技术在田间不断试验成功。

在忙忙碌碌的工作中，岁月无痕流逝，图书素材也日益丰富，这些均来自创作团队常年累月泡在田间地头精心收集的第一手资料。经初步筛选获得高清数码图片达数万幅，把 20G 容量的移动硬盘塞得满满的。此外，还有一摞摞的田间试验报告以及中澳农业合作项目、省级重大攻关项目等各类科研成果。面对案头堆得高高的资料，大功即将告成的喜悦油然而生，但紧接着的是前所未有的紧迫感，甚至还有一丝不安。

广受农民喜爱是农业科普读物的内在生命力，而市场才是检验科普读物生命力最有力的依据。因此，图书定位不仅要让农民“读得懂”“用得上”，还要让农民“买得起”。创作团队针对种植大户和基层农技人员专门设计了两套调查问卷，进村入户，广泛调研农民在生产中遇到的技术难题和困惑，以及他们最喜欢的编排风格和易于接受的价格等。当攒足了400多份问卷时，图书最终的内容选取、编撰排版、装帧形式及定价都跃然而出。厚厚的“大部头”设想被推翻，更改为以作物为主线的若干小分册。在各小分册中以为害度为标准确定病虫种类，采取以图配文形式编排。图片选择上既注重典型症状的局部特写，又呈现严重为害时的田间场景，让图书因丰富、典型的图片而活起来。

所谓“无巧不成书”，图书进入最后编撰阶段时，我再次访问澳大利亚昆士兰。为不影响图书如期发行，在创作团队的基础上又组建了核心工作小组，明确编写流程。主编负责各分册的初稿起草和图片选择等工作，初稿完成后，不同分册主编相互交换样稿，相互挑刺找茬。互校的范围很广、很细致，耗费的时间也很长。在技术上要求先进、可行且便于操作，在图片上要求典型、准确、清晰，在文字表达上要求通俗易懂且精炼、通顺，甚至拉丁文、错别字、标点符号都由专人负责校验。按照编写流程，每位主编须在规定时间内完成各自规定的工作任务，最后由多名主编联合对样稿逐字逐句地审订。每个分册的样稿都至少经历3个月的反复修改，最终交付出版社。在有序的流转中，文稿慢慢蝶变，最终破茧而出。

2005年春季到秋季，全套图书各分册陆续出版发行。由于图书定位准确，编写特色鲜明，所以一经出版就受到广大农民的欢迎，并先后荣获浙江树人出版奖、华东地区科技出版社优秀科技图书一等奖、中华农业科技科普奖、国家科学技术进步奖二等奖，入选国家新闻出版广电总局首届“三个一百”原创图书工程和中国科协“公众喜爱的优秀科普作品”。承蒙读者厚爱，尽管十多年过去了，图书依然不断地在修订重印，至今仍遍见于全国各地书店和农家书屋。为更好地服务读者，自 2012 年以来，我曾多次想对图书重新进行深度的修改与完善，以期为新形势下蔬菜安全生产再出一份绵薄之力。实在是囿于精力、能力所限，一直到今天才得以实现。更大的纠结却与 17 年前惊人的相似，那就是农业科普图书的创作手法如何与时俱进以适应新常态，特别是在手机已成为最主流的阅读工具的今天，农业科普图书该如何创新，并让人眼前一亮，为之一振。纠结数年，百思不得其解，只好先放下了。但愿在日后能机缘巧合，灵光乍现，一朝顿悟，到时再以飨读者。

青春是人生中一道洒满阳光的风景。小伙伴们，还记得 Skype 吗？那年春天，几乎每天晚上我们都借助 Skype 跨越大洋的时空差异，互相交流，互相激励，互相共鸣。曾经是何等意气风发、激情洋溢！蓦然回首，如今我已人到中年，两鬓渐白，感慨万千。借图书再版之际，衷心感谢十余年来风雨同舟、携手共进的小伙伴们！更由衷感恩一路上给予我们关爱、呵护的长者和挚友们！

2017 年仲夏于遂昌

CONTENTS 目录

CONTENTS

附　录

参考文献

猝倒病

猝倒病是西瓜、甜瓜苗期的主要病害，在早春保护地育苗中发生尤为严重。除为害西瓜、甜瓜等瓜类作物外，还可为害莴苣、芹菜、白菜、甘蓝、萝卜、洋葱、茄科蔬菜等及部分花卉和果树幼苗。

为害症状

猝倒病主要为害未出土或刚出土不久的幼苗，大苗很少被害。刚出土的幼苗染病，初始不表现出明显症状；子叶展开后，幼苗近地表的胚轴基

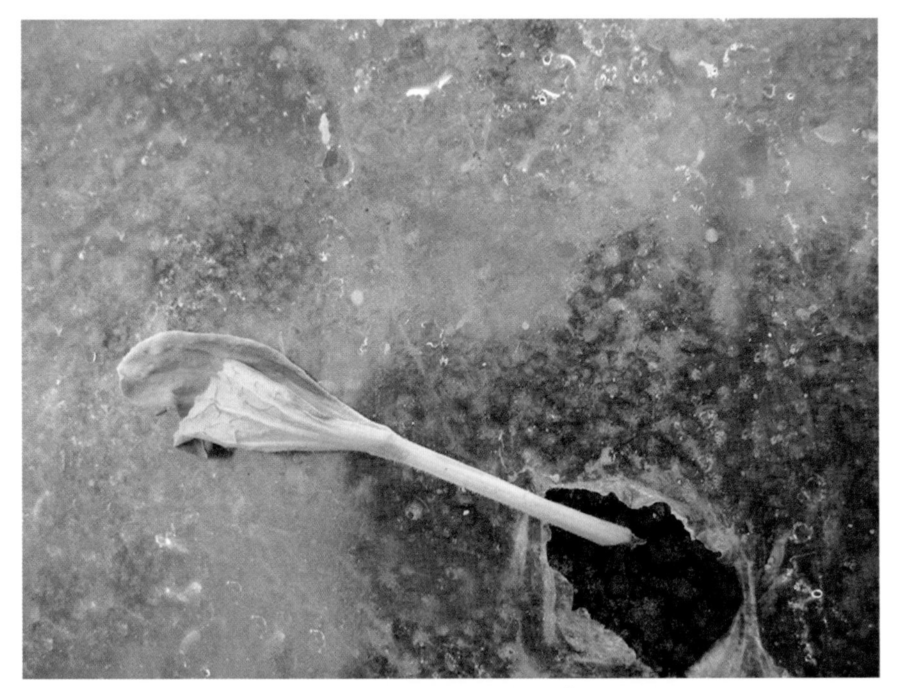

幼苗近地表的胚轴基部首先受害，病部迅速缢缩成线状，引起病株猝倒，而子叶往往尚未萎蔫

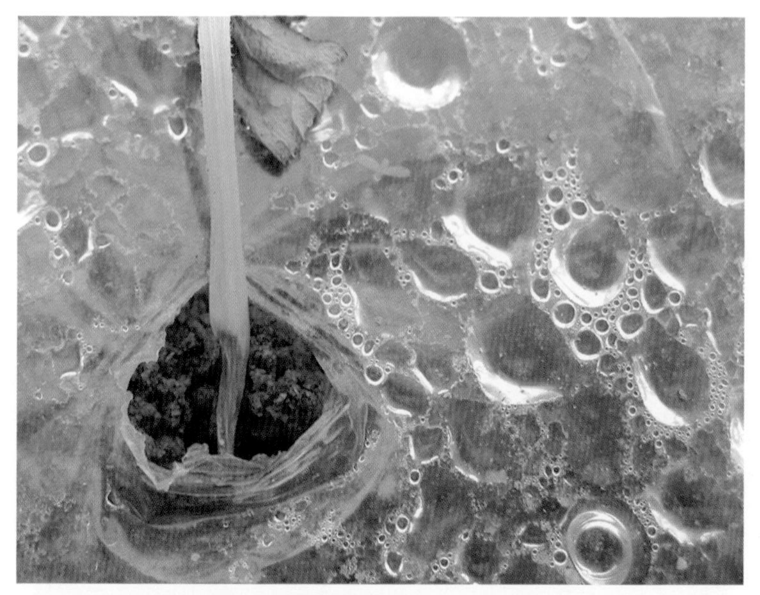

病部迅速变黄褐色并缢缩成线状，引起病株猝倒

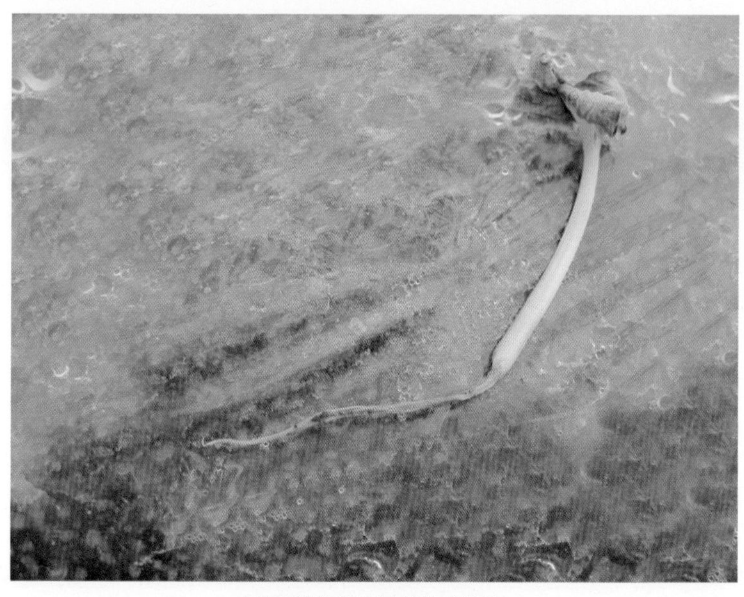

病苗幼茎褐色干枯缢缩成线状

病苗幼茎变褐色，并干枯缢缩成线状

高湿条件下，病部表面及附近土表产生白色絮状物

部出现暗绿色水渍状病斑，很快变成黄褐色；当病斑绕茎1周后，病部迅速缢缩成线状，引起幼苗突然猝倒、贴伏在地面上，而子叶往往尚未萎蔫；最后病部变成褐色。病情严重时，幼苗尚未出土即已烂种、烂芽。最初在田间多为零星发病，往往先从有滴水处的个别幼苗上开始发病，几天后以此为中心，向四周扩展。田间湿度大时，病情迅速蔓延，病部腐烂，造成幼苗成片猝倒，在病残体表面以及附近土表可见一层白色絮状物。

发生特点

猝倒病主要由藻物界卵菌门瓜果腐霉[*Pythium aphanidermatum* (Edson) Fitzp.]侵染所致。另有报道，德里腐霉（*P. deliense* Meurs）也可引起西瓜猝倒病，刺腐霉（*P. spinosum* Sawada）、藻物界卵菌门疫霉（*Phytophthora* spp.）和真菌界担子菌门立枯丝核菌（*Rhizoctonia solani* J.G. Kühn）也可能引起子叶萎缩型猝倒病。病菌以卵孢子在12～18厘米表土层中越冬，并在土中长期存活。翌年环境条件适宜时，卵孢子萌发产生孢子囊和游动孢子，或直接长出芽管侵入寄主。此外，在土壤中营腐生生活的菌丝也可产生孢子囊和游动孢子，侵害幼苗从而引起猝倒病。发病后，病残体上的病菌产生新生代的孢子囊及游动孢子，借助灌溉水或雨水反溅到贴近地面的根茎上，引起再侵染。

病菌喜低温高湿环境。地温达到10℃时即可发病，病菌生长发育的最适地温为15～16℃，地温高于30℃时病菌生长受到抑制。当幼苗子叶养分已用完，真叶尚未长出，新根尚未扎实之前是植株感病敏感期。育苗过程中使用未经消毒的旧床土、施用未腐熟的肥料、播种过密、分苗间苗不及时、苗床保温差、长期捂盖、通风透气不及时、苗床低温高湿等易发病。苗床采用连作地、地势低洼、土质黏重、管理粗放等发病重；育苗期间遇寒流低温、持续阴雨、日照不足等不良天气的年份发病重。

防治要点

①选择抗病品种。浙江地区宜选用拿比特、早佳8424、小兰、玉姑等

品种。②苗床选择与床土消毒。宜选择地势高、地下水位低、排水良好的地块做苗床。育苗床土应选择无病新园土，并进行消毒处理，具体方法为：用70%噁霉灵可湿性粉剂3000倍液，或50%福美双可湿性粉剂300倍液等浇淋苗床土；也可以每平方米苗床施用68%金雷（精甲霜·锰锌）水分散粒剂8～10克，或50%福美双可湿性粉剂6～8克等，与3～5千克的细干土充分拌匀后制成药土。施药前先把苗床底水打好，且一次浇透，水下渗后先将1/3药土均匀撒施在苗床畦面上，播种后再把其余的2/3药土覆盖在种子上面。③穴盘基质或营养土钵消毒。每立方米基质（或细干土）用75%百菌清可湿性粉剂200 克，或25千克基质（或细干土）用70%噁霉灵可湿性粉剂5克，充分搅拌，使得药剂均匀分布。也可选用70%甲基硫菌灵可湿性粉剂800倍液，或70%噁霉灵可湿性粉剂3000倍液等喷雾消毒，每立方米喷药液30～45升。④加强苗床管理。做好苗床保温工作，防止冷风和低温侵袭，避免幼苗受冻，一般要求苗床温度在25～30℃，不低于20℃；当塑料薄膜或幼苗叶片上有水珠凝结时，及时通风降湿，并用100瓦以内的白炽灯增温除湿2小时，白炽灯的布置密度为1.5平方米1盏，灯泡距离秧苗35厘米左右，下午及时盖严薄膜保温；若气温低，则上午通风时间宜延迟，通风口不宜过大；浇水应在晴天进行，尽量控制浇水次数，浇水后及时揭膜通风透光；阴雨天苗床湿度过高时，可撒施适量干草木灰，以降低苗床湿度。⑤药剂防治。发现中心病株（即为田间首先出现的零星发病植株）后及时拔除，带出苗床集中销毁，并喷药保护。药剂可选用68%金雷（精甲霜·锰锌）水分散粒剂600倍液，或50%阿克白（烯酰吗啉）可湿性粉剂1500倍液，或18%双美清（吲唑磺菌胺）悬浮剂1500倍液，或23.4%瑞凡（双炔酰菌胺）悬浮剂1000倍液，或687.5克/升银法利（氟菌·霜霉威）悬浮剂1000倍液等喷淋，每平方米喷药液2～3升，每隔7～10天1次，连续防治2～3次。施药时重点喷淋发病中心周边植株，施药后及时通风透气。

立枯病

立枯病是西瓜、甜瓜苗期的主要病害。幼苗出土后即可为害，但多发生在育苗中后期。除为害瓜类作物外，还可为害白菜、甘蓝、莴苣、洋葱以及茄科、豆科等蔬菜幼苗。

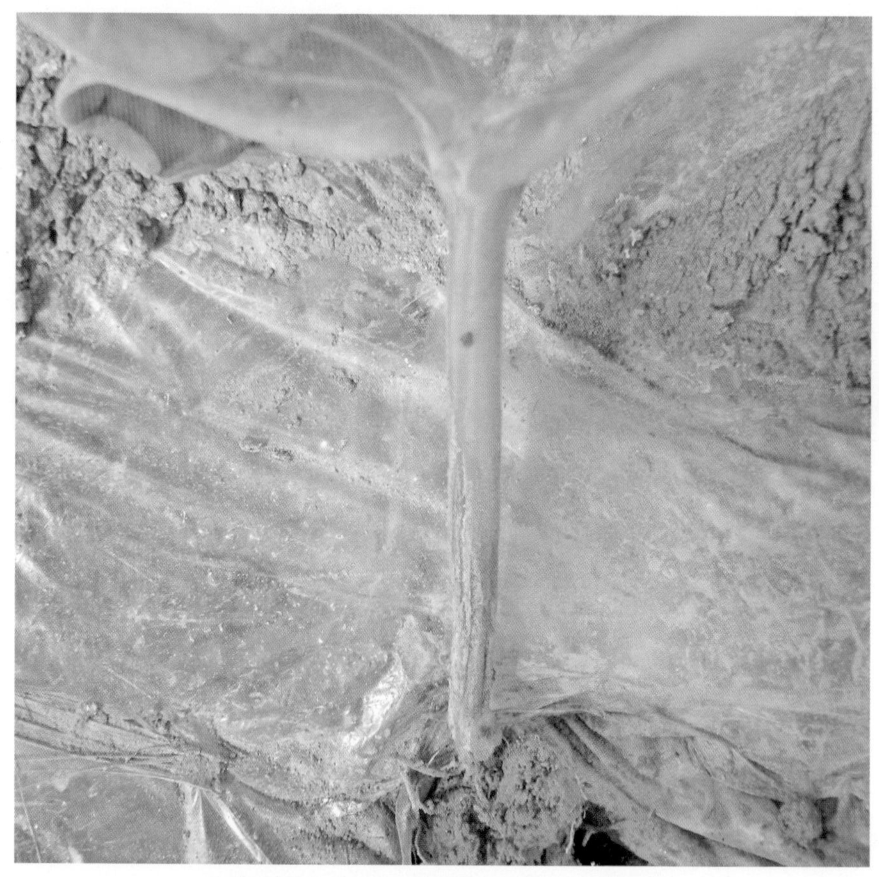

茎基部产生褐色病斑，常绕茎一周，有时木质部外露

为害症状

刚出土幼苗及大苗均可发生立枯病。主要为害植株根尖及根茎部的皮层。幼苗受害后，在茎基部产生暗褐色椭圆形病斑，具同心轮纹。发病植株初始晴天中午叶片萎蔫，夜间恢复正常，病斑逐渐扩大并凹陷；高湿条件下，病部会产生淡褐色蛛丝状霉（即病菌的菌丝及其结成的大小不等的褐色菌核）；当病斑绕茎1周后，茎基部呈蜂腰状干缩，有时幼茎木质部外露，叶片萎蔫不再恢复正常，最后幼苗枯死但不猝倒。

立枯病植株初始晴天叶片萎蔫，夜间恢复正常，最后幼苗枯死但不猝倒

发生特点

立枯病由真菌界担子菌门立枯丝核菌（*Rhizoctonia solani* J.G. Kühn）侵染所致。病菌腐生性强，以菌丝体或菌核在土壤中越冬，且可在土壤中腐生2～3年。病菌不产生无性孢子，主要以菌丝体传播繁殖。环境条件适宜时，菌丝从伤口或表皮直接侵入幼茎、根部，引起发病，借助流水、浇灌水、农具、带菌堆肥等传播为害。

病菌喜温暖高湿环境，最适温度为20～24℃，最高温度为40～42℃，最低温度为13～15℃，适宜pH为3～9.5。浙江及长江中下游地区主要发病盛期在春季3～5月和秋冬季11月上旬至翌年1月上中旬。一般在苗床发生严重，有明显的发病中心；大田则发生极轻。播种过密、间苗不及时、湿度过高，易诱发此病害流行与蔓延。

防治要点

发病初期选用62.5克/升亮盾（精甲·咯菌腈）悬浮种衣剂1500倍液，或70%噁霉灵可湿性粉剂3000倍液等喷淋防治。

其他防治要点参照“猝倒病”。

专家提醒

立枯病与猝倒病的早期症状十分相似，田间不易区分。立枯病较显著的特点是病株站着死，立而不倒，病程进展较慢，高湿条件下病部产生淡褐色蛛丝状霉。而猝倒病病株猝倒而死，病情发展迅速，高湿条件下病部产生白色絮状物。喷淋或浇根防治宜选择晴天进行，施药后可撒适量草木灰，降低土壤湿度。

西瓜对噻呋酰胺极其敏感，且药害恢复慢，不宜使用。

沤 根

沤根是为害西瓜、甜瓜根系的主要病害，长江中下游地区发生较重，春季比秋季发生重。

为害症状

在苗床和大田中均可发生沤根。发生沤根后，植株的地上部分生长停滞，长时间不再增生新的真叶；已长出的子叶或真叶变黄绿色，边缘逐渐发黄、皱缩（但不产生病斑），呈枯焦状；最终导致地上部分萎蔫，且容易从土中拔出；严重时成片干枯，似缺素症。拔起受害植株检视，可见其根部不发新根、不定根或仅长少而细的新根，根皮变黄，原有根系逐渐呈铁

沤根植株生长停滞，不增新叶

沤根植株叶片边缘发黄，严重时叶片皱缩枯焦

沤根植株根皮变黄，不长新根和不定根

锈色腐烂。检查根部无病原物，从而可以与根结线虫病相区别。

发生特点

西瓜沤根田间受害症状

沤根主要是由于土壤水分偏多引起。在育苗或定植初期，若地温低于12℃，同时在苗床管理中浇水过量或遇连续阴雨天气，使土壤处于低温高湿环境，氧气不足，造成新根无法生长，导致瓜苗生长不良而萎蔫，且持续时间较长，易诱发沤根。特别是在低洼地、黏土地以及苗床浇水过多时，均可造成沤根的发生。苗床施用未充分腐熟的有机肥或有机肥与床土未充分混合或苗床追肥浓度过高等有类似沤根的症状。

防治要点

①选择高燥、排水良好、避风向阳的地块育苗或种植；畦面要做平，严防大水漫灌；尽量避开低洼地和黏土地。②苗床浇水时要少量多次，保证床土温度、湿度适宜以及良好的通风环境。定植后的瓜田，应及时中耕；雨后注意排水；低洼地宜开深沟，做高畦，以利于排水。③发生轻微沤根时，加大根系周围的地膜的开口，改善通气状况，及时松土，降低土壤湿度，提高地温，促进增根发苗；对受淹严重的地块，要挖深沟以排水降湿，迅速改善瓜苗生育状况。④选用绿力倍健750倍液等浇根，也可选用艾格富（海竹藻植物生长活性剂）300～500倍液+1.8%爱多收（复硝酚钠）水剂3000倍液或0.04%芸苔素内酯水剂8000倍液等叶面喷施，补充营养，以增强植株生长势。

西瓜枯萎病

西瓜枯萎病是土传真菌性维管束病害，又称蔓割病、走藤死、萎蔫病等。未采用嫁接技术的田块，一般发病率在5%左右，严重时可达50%以上，甚至绝收。除为害西瓜外，还可为害多种瓜类和茄果类蔬菜。

为害症状

西瓜整个生育期和西瓜各个部位均可发病。

苗期染病，幼苗未能出土即腐烂，或出土后不久顶端出现失水状；子

西瓜枯萎病病株初始叶片晴天中午萎蔫，早晚恢复

叶和真叶颜色变浅，似缺水状萎蔫下垂；茎基部变褐缢缩，最后枯死，纵剖病茎可见其维管束变黄。

成株期染病，初始叶片从基部向前逐渐萎蔫，似缺水状，中午烈日下表现尤为明显，早晚可恢复；持续3～6天后，整株（蔓）呈枯萎状凋萎，不再恢复正常，部分叶片变褐色或出现褐色坏死斑块；茎基部缢缩，出现褐色条形水渍状病斑。在田间，有时出现同一植株中部分枝蔓萎蔫，而另一部分枝蔓仍正常生长，以后逐渐蔓延至全株；有的则表现为同一条茎蔓半边发病，半边健全；也有的主

西瓜枯萎病病株表现出部分枝蔓萎蔫，而另一部分枝蔓正常

潮湿条件下，病部表面产生少量白色至近粉红色的霉层，有时流出琥珀色至紫红色胶状物

蔓枯萎，而在茎基部长出不定根，萌发新侧枝；有的病株后期，茎基部表皮破裂，茎蔓上病部纵裂；有时病株根部还会腐朽，呈麻丝状。在病势急剧时，发病茎蔓3～4天后即枯死。在潮湿条件下，病部表面产生少量白色至近粉红色的霉层（即病菌的分生孢子梗和分生孢子），或流出琥珀色至紫红色胶状物。

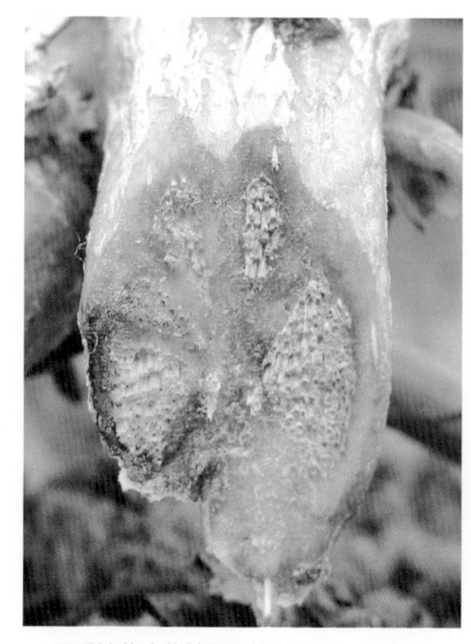

西瓜枯萎病茎基部维管束褐变、木栓化

检视病株的根或茎蔓，可见其须根很少，根和茎蔓的维管束导管全部变成淡黄色至褐色，这是病菌分泌的毒素毒害植株细胞而表现出来的症状，可作为诊断枯萎病的重要依据之一。在病变的维管束内常可检验出大量菌丝体和小型分生孢子，因菌丝体不断扩大和孢子繁殖而堵塞导管，使茎叶失水而导致萎蔫死苗。

西瓜枯萎病瓜蔓维管束自下而上褐变

西瓜枯萎病病株根系褐变、腐烂

西瓜枯萎病中后期病株

发生特点

西瓜枯萎病由真菌界子囊菌门尖镰孢西瓜专化型［*Fusarium oxysporum* f. sp. *niveum*（E.F. Sm.）W.C. Snyder & H.N. Hansen］侵染所致。病菌主要以菌丝、厚垣孢子或菌核在未腐熟的有机肥或土壤中越冬，成为翌年主要侵染源。此菌能在土壤中存活6年以上，菌核和厚垣孢子通过家畜消化道后仍具活力。采种时厚垣孢子黏于种子表皮上，致使商品种子带菌，成为次要侵染源。

此病是一种病菌在土壤中逐年积累而发病的土传病害，发病程度取决于当年的土壤带菌量，作物根的分泌物能刺激厚垣孢子萌发。病菌主要从寄主根部的伤口或根毛顶端的细胞间隙侵入，附着在种子表面的分生孢子萌发后可直接侵入幼根，或先在土壤中腐生一段时间后再侵入。病菌侵入

直立型西瓜枯萎病为害状

寄主后，菌丝先在根部和茎部的细胞内或薄壁细胞间蔓延，以后伸入木质部，进入维管束，并由下向上发展，在导管内发育，分泌果胶酸和纤维素酶，破坏细胞，阻塞导管，干扰新陈代谢，导致植株萎蔫，中毒枯死。已感病的西瓜幼苗，若环境条件不适宜时会形成潜伏侵染，在植株开花结果后再表现出症状。西瓜枯萎病病菌在田间再侵染的机会较少，只在地上茎蔓受伤的情况下，才可发生再侵染，引起局部茎蔓发病。

病菌喜温暖潮湿的环境。菌丝体生长温度范围为4～38℃，以28℃最为适宜；孢子萌发温度为24～32℃，以土温25～30℃时最易发病。西瓜以开花、抽蔓至结瓜期发病最重；膨大期间若遇持续阴雨、日照不足等天气发病重；连作、地下害虫为害重、地势低洼、排水不良、雨后积水、植株根系发育不良、沤根的田块发病重；栽培上管理粗放、偏施氮肥、磷钾肥不足、施用未充分腐熟的有机肥等易诱发病害流行。

防治要点

①选择早佳8424、拿比特、早春红玉等抗病性较强的品种。②采用

嫁接技术。根据西瓜品种及栽培季节选择合适的砧木品种，早春栽培中果型西瓜可采用“甬砧1号”等砧木品种；小果型西瓜可采用“甬砧5号”等砧木品种；越夏长季节栽培可选择“甬砧3号”等砧木品种。③提倡与水稻轮作5～6年以上或进行土壤消毒，以减少土壤中的病原菌。④种子处理。55℃温水浸种20分钟，冷却后用40%福美双可湿性粉剂500倍液浸种1～2小时，捞出晾干即可催芽播种；或选用62.5克/升亮盾（精甲·咯菌腈）悬浮种衣剂或25克/升适乐时（咯菌腈）悬浮种衣剂等进行包衣处理后播种。⑤药剂防治。“西瓜开花枯萎到，每天查田别忘掉，备好治病杀菌药，及时灌根就治好”。发病初期选用325克/升阿米妙收（苯甲·嘧菌酯）悬浮剂1500倍液，或46%可杀得叁千（氢氧化铜）水分散粒剂800倍液，或1%申嗪霉素悬浮剂750倍液，或10亿CFU/克多粘类芽孢杆菌可湿性粉剂250倍液，或30%甲霜·噁霉灵水剂1500倍液，或70%噁霉灵可湿性粉剂3000倍液，或68%噁霉·福美双可湿性粉剂750倍液等灌根，每株灌药液100～250毫升，每隔7～10天1次，连续防治3～5次。

专家提醒

西瓜枯萎病属西瓜毁灭性顽固病害，目前在生产上尚无特效防治药剂。最佳防治措施是采用嫁接技术以及水旱轮作和土壤消毒。西瓜嫁接技术要点参见附录中的“西瓜嫁接技术要点”和“西瓜连作地土壤消毒技术要点”。

当田间发现中心病株，须及时拔除集中销毁，病穴用生石灰消毒，并立即进行全田灌根防治。当田间大面积发病时，建议放弃管理，及时改种其他作物。

低温高湿时慎用阿米妙收等。此外，阿米妙收等含嘧菌酯成分的杀菌剂，应避免与乳油类农药、有机硅、矿物油和植物油等混用，否则有药害风险。

西瓜根腐病

西瓜根腐病是西瓜的常见病害之一，各地均有发生。由于气候和栽培技术等多种原因，不论是保护地还是露地均有不同程度发生。此病发生早、蔓延快、为害重，严重影响西瓜的产量和品质。

为害症状

西瓜根腐病主要为害根部和茎基部。

幼苗染病，主根上部皮层和茎基部呈水渍状、浅褐色，后变深褐色或黑色，幼苗很快猝倒死亡；在3～4真叶期，还会出现顶部叶片向上翻卷，似缺水状，最后猝倒死亡。

生长期植株染病，主根上部皮层和茎基部呈水渍状、浅褐色，后逐渐变成深褐色腐烂。湿度大时，根、茎基病部表面产生白色霉状物或霉层，病部不缢缩，维管束褐变，但不向枝蔓扩展，最终皮层、组织破碎，仅留

根部皮层呈水渍状、浅褐色病变

茎基部呈水渍状、浅褐色，逐渐变成深褐色

发病后期，根部皮层腐烂坏死，须根很少，易折断

根及茎基部维管束褐变，但不向上扩展

田间发病植株萎蔫，大部分叶片向上翻卷

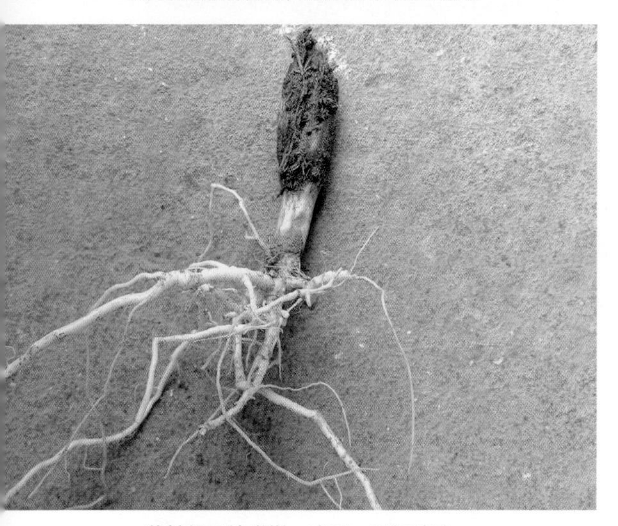
茎基部开始腐烂，皮层、组织破碎

下丝状维管束。病裂处无胶状物溢出（与枯萎病的区别），扒开土壤，能看到主根上和茎基部有明显的皮层腐烂坏死，须根较少，极易从感病部位折断。

结果期发病，病株矮小，茎叶褪绿，似营养不良，须根少，呈淡黄褐色。发病严重时，叶片自下而上变黄枯落，矮化更明显，终致植株萎蔫枯死。拔出主根，其须根已完全腐烂不见，主根变黑褐色逐渐腐烂，留下丝状维管束，根部皮层极易剥落。

发生特点

西瓜根腐病由真菌界子囊菌门腐皮镰孢［*Fusarium solani*（Mart.）Sacc.］侵染所致。病菌以菌丝体、厚垣孢子或菌核等在土壤及病残体中越冬。厚垣孢子生命力强，可在土壤中存活5～10年。病菌适宜生长温度为8～34℃，最适温度为24～32℃，高温高湿利于病原孢子的萌发和菌丝的生长。当温度在22～28℃、相对湿度达到80%时，病害开始流行；温度超过34℃，病菌菌丝停止生长。病菌一般从根部侵入，发病后在根部生成大量的分生孢子，借助雨水、灌溉水传播蔓延。晴天少

在潮湿条件下，病部产生白色霉状物

雨，病害轻；阴雨天或浇水后，病害重；连作地、土壤黏重、低洼盐碱地和晚播晚植西瓜发病重；根结线虫为害重的瓜田发病重。保护地栽培西瓜，一般在2月中下旬开始发病，定植后到开花座果前发病严重，3月中下旬至4月上旬为发病盛期。露地栽培西瓜，一般在4月下旬至5月上旬开始发病，5月中下旬为发病盛期。

在潮湿条件下，病部产生白色霉状物

防治要点

参照“西瓜枯萎病”。

西瓜蔓枯病

西瓜蔓枯病是西瓜的常见病害，又叫油秧病、朽根病等。全国各地均有发生，在长三角西瓜产区尤为严重。除为害西瓜外，还可为害甜瓜、南瓜、黄瓜等，造成病株提早死亡而减产。

为害症状

茎蔓、叶片、果实均可受害，主要为害叶片和茎蔓。

叶片染病，多从叶缘开始发病，出现直径1～2厘米的“V”字形或

茎基部发病，初始产生微凹陷的油浸状病斑

椭圆形病斑，淡褐色至黑褐色，轮纹不明显，老叶上病斑表面常密生小黑点（即病菌的分生孢子）；干燥时病斑干枯，往往呈星状破裂；遇连续阴雨天气时，病斑遍及全叶，叶片变黑而枯死。

茎蔓染病，初始多在节部附近出现微凹陷的油浸状长条形病斑

茎蔓染病，主要在茎基和茎节的附近，初始产生油浸状小病斑，病斑呈椭圆形或梭形，白色，逐渐扩大后常绕茎蔓半周至1周；后期病斑变成黄褐色，病茎干缩，纵裂成乱麻状，可长达10厘米，甚至更长，造成病部以上茎叶枯萎，病部密生小黑点。田间湿度大时，病部常流出琥珀色胶状物，干枯后为红褐色。

茎蔓病斑逐步向两边扩展，并产生胶状物

茎蔓病部纵裂，灰白色，胶状物干燥后变成红褐色

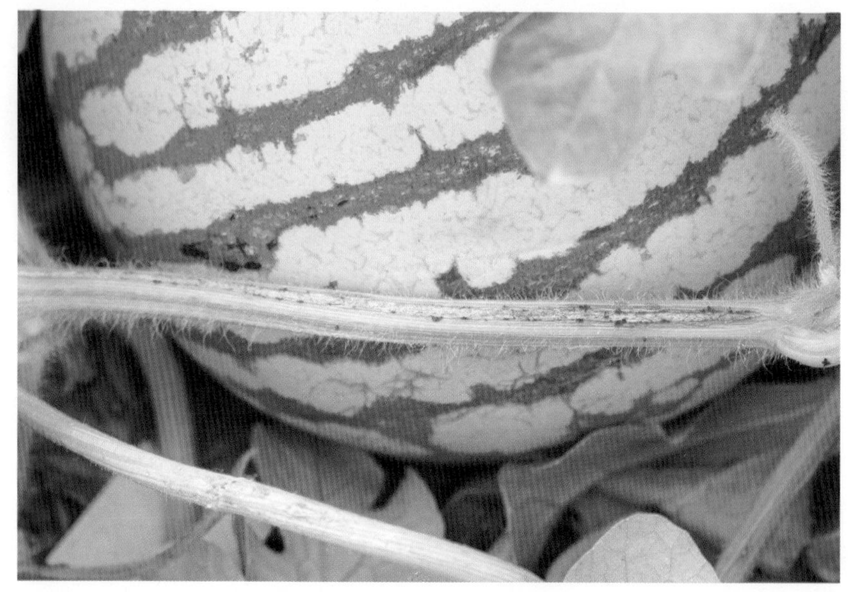

茎蔓病斑纵裂可长达 10 厘米以上

病茎逐渐干缩，有时纵裂成乱麻状

果实受害后，初为水渍状病斑；以后中央部分为褐色枯死斑，稍有凹陷；最后褐色部分呈星状开裂，内部组织坏死，呈木栓状干腐。

西瓜蔓枯病以在病部产生小黑点为主要识别特征。茎部发病后表皮易撕裂，引起瓜苗枯死，但维管束不变色，也不为害根部，可与枯萎病相区别。

发生特点

西瓜蔓枯病由真菌界子囊菌门泻根亚隔孢壳［*Didymella bryoniae* (Fuckel) Rehm.］侵染所致。病菌以分生孢子器或子囊壳随病残体在土壤

果实染病，病斑初为水渍状，后中央变成褐色枯死斑，常呈星状开裂

叶片染病，多在叶缘附近出现“V”字形、半圆形或椭圆形淡褐色至黑褐色的大型病斑，易破裂

中或附着在种子、温室、大棚等表面越冬、越夏。翌年借助风雨及灌溉水传播，成为田间初侵染源；从气孔、水孔或整枝、摘心等伤口处侵入，经7～10天后发病，病斑上产生的分生孢子继续传播，引起再侵染。若种子带菌，种子发芽后病菌侵害子叶，形成病斑后产生分生孢子进行再侵染。

病菌喜温暖高湿的环境，病菌发育温度范围为5～35℃，在55℃条件下10分钟即可死亡。最适宜发病的环境条件为温度20～25℃，相对湿度85%以上，pH为5.7～6.4。西瓜蔓枯病在整个生育期均可发病，以保护地栽培的西瓜受害最重。浙江及长江中下游地区春季发生较重。重茬、低洼、雨后积水、排水不良、缺肥及生长衰弱的田块发病重；种植密度过大、通风透光不足、氮肥施用偏多等易诱发病害流行；西瓜生长期间忽晴忽雨、天气闷热、光照不足、高湿多雨的年份发病重。

防治要点

①种子处理。参照“西瓜枯萎病”。②加强管理。实行2～3年非瓜类作物轮作，并做高畦地膜栽培。不使用前茬瓜类作物上使用过的架材。增施有机肥，适时追肥，以防止生长中后期脱肥。保护地栽培要加强通风透光，特别是在伸蔓和整枝阶段，要减少滴水，降低棚室内湿度，保持畦面半干状态。露地栽培要防止大水漫灌，水面不超过畦面。雨季应加强防涝，降低土壤水分。发病后适当控制浇水。③药剂防治。在发病初期及时用药，药剂可选用60%百泰（唑醚·代森联）水分散粒剂800倍液，或560克/升阿米多彩（嘧菌·百菌清）悬浮剂1500倍液，或12%健攻（苯甲·氟酰胺）水分散粒剂1000倍液，或10%世高（苯醚甲环唑）水分散粒剂1500倍液，或430克/升好力克（戊唑醇）悬浮剂5000倍液等，重点喷雾茎基和茎节等部位以及附近土表。对于发病较重的田块，可选用430克/升好力克（戊唑醇）悬浮剂5000倍液，或10%世高（苯醚甲环唑）水分散粒剂1500倍液+70%品润（代森联）水分散粒剂700倍液，或70%安泰生（丙森锌）可湿性粉剂500倍液等，喷雾防治。

专家提醒

西瓜蔓枯病是影响西瓜中后期产量的重要病害，植株伤口多和生长中后期缺肥则发病重。阴雨天或田间湿度偏高时不宜整枝，整枝后立即选用430克/升好力克（戊唑醇）悬浮剂500倍液或50%多菌灵可湿性粉剂20～30倍液等对伤口进行涂抹，具有良好的预防效果。在发病初期，也可采用上述药剂在削除茎部病斑后进行涂抹防治。此外，在低温高湿条件下，幼苗期和伸蔓期西瓜对百泰和阿米多彩较敏感。

生产上西瓜蔓枯病与西瓜枯萎病经常混发，西瓜枯萎病有时也会表现病株茎蔓病部纵裂，并流出琥珀色至紫红色胶状物。因此，田间诊断时不能简单以病株茎蔓病部是否纵裂，以及是否有琥珀色至紫红色胶状物流出等病症，作为西瓜蔓枯病的判定依据。一般情况下，西瓜枯萎病发生早于蔓枯病，病部流出琥珀色至紫红色胶状物的同时，常伴随在病部表面产生少量白色至近粉红色的霉层。但两者间最主要的识别依据是西瓜蔓枯病病部维管束不变色，也不为害根部。

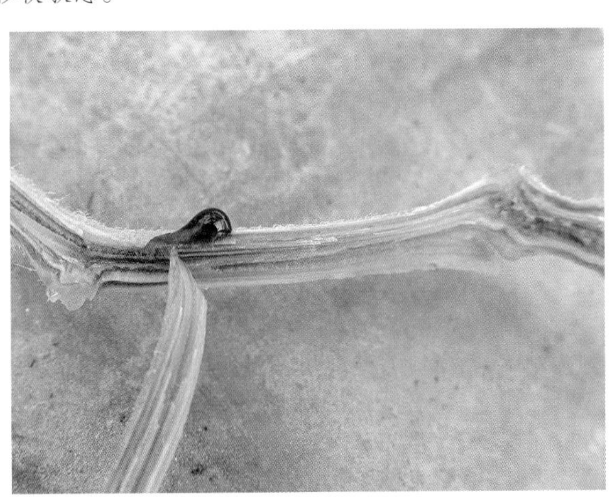

西瓜枯萎病侵染瓜蔓，引起瓜蔓纵裂并流出紫红色胶状物，剖视病部维管束变褐色，有别于蔓枯病

西瓜白粉病

西瓜白粉病是西瓜的常见病害，在我国各地的露地、温室和大棚西瓜上普遍发生。发病严重时，叶片枯黄，植株干枯，产量和质量显著下降。除为害西瓜外，还可为害甜瓜、南瓜、冬瓜等葫芦科植物。

为害症状

西瓜白粉病主要为害叶片，其次是叶柄和茎，一般不为害果实。

发病初期，叶面或叶背产生白色近圆形星状小粉点，以叶面居多；当

发病初期叶面产生白色近圆形星状小粉点

环境条件适宜时，病斑迅速扩大，连接成片，形成边缘不明显的大片白粉区，密布白色粉末状霉（即病菌的菌丝体、分生孢子梗和分生孢子）；严重时整个叶面布满白粉。病害逐渐由老叶向新叶蔓延。

病斑逐渐扩大，互相融合连接成片

发病后期，白色霉层因菌丝老熟变为灰色，病叶枯黄、卷缩，一般不脱落。当环境条件不利于病菌繁殖或寄主衰老时，病斑上出现成堆的黄褐色的小粒点，后变为黑色（即病菌的闭囊壳）。叶柄和茎上的发病症状与叶片相似，但白粉较少。

病斑相互汇合后，形成边缘不明显的大片白粉区

发病后期白色霉层因菌丝老熟变为灰色

发生特点

西瓜白粉病由真菌界子囊菌门专性寄生菌瓜类单丝壳[*Sphaerotheca cucurbitae*(Jacz.) Z.Y. Zhao]和葫芦科白粉菌[*Erysiphe cucurbitacearum* R.Y. Zheng & G.Q. Chen]侵染引起。另据报道，真菌界子囊菌门专性寄生菌单丝壳[*S. fuliginea*(Schltdl.) Pollacci]、二孢白粉菌(*E. cichoracearum* DC.)以及葎草单丝壳[*S. humuli*(DC.) Burrill]

瓜蔓受害，初始产生白色近圆形粉斑

也能引起西瓜白粉病。在我国南方，周年可种植瓜类作物，春西瓜和秋西瓜上均可发生，以秋西瓜发生较重，白粉病菌不存在越冬现象；病菌以菌丝体或分生孢子在西瓜或其他瓜类作物上繁殖，并借助气流、雨水等传播，扩大侵染。在这些地区，白粉病菌较少产生闭囊壳。在北方，露地栽培西瓜在夏季发病，保护地栽培西瓜全年都可发病；病菌以闭囊壳在病残体遗留于土壤表层或保护地栽培的瓜类作物上越冬。翌年环境条件适宜时，病菌产生分生孢子并借助气流或雨水传播到寄主叶片上，分生孢子先端产生芽管和吸器从叶片侵入。菌丝体附生在叶片表面，从萌发到侵入需24小时，每天可长出3～5根菌丝，5天后在侵染处形成白色菌丝丛状病斑，经7天成熟，形成分生孢子飞散传播，进行再次侵染。发病的适宜温度为15～30℃，相对湿度为80%以上。

西瓜白粉病的发生和流行与温度、湿度和栽培管理有密切关系。病菌分生孢子在10～30℃内都能萌发，以20～25℃为最适；白粉病菌比较耐干旱，在空气相对湿度为25%的条件下，分生孢子也能萌发。较高湿度条件有利于分生孢子的萌发和侵染，但过多的降雨或叶面结露持续时间过长，空气相对湿度大，分生孢子会吸水过多，因膨胀压增大而导致细胞壁破裂，对分生孢子的萌发和侵染不利，病害反而受到抑制。高温干燥有利于分生孢子的繁殖和病情扩展，尤其是当高温干旱与高湿条件交替出现，又有大量菌源时此病易流行。

此病在西瓜整个生育期都可发生，以生长中后期发生较重。种植过密，通风透光不良，氮肥过多，植株徒长，土壤缺水，灌溉不及时，则病势发展快、病情重。灌水过多，湿度增大，地势低洼，排水不良或靠近温室大棚等保护地的西瓜田发病也重。西瓜的不同生育期对白粉病的抵抗力有所差异，一般是苗期或成株期的嫩叶抗病力较强。

防治要点

①选用抗（耐）病品种。拿比特等西瓜品种抗病性较好。②合理轮作。与禾本科作物实行3～5年轮作。③加强栽培管理。合理密植，科学施肥，

旱时做好灌溉，涝时做好排水。西瓜收获后，彻底清理病残体，带出田外集中销毁。④药剂防治。在发病初期及时防治，药剂可选用29%绿妃（吡萘·嘧菌酯）悬浮剂1500倍液，或42.4%健达（唑醚·氟酰胺）悬浮剂2000倍液，或38%凯津（唑醚·啶酰菌）水分散粒剂1000倍液，或42%英腾（苯菌酮）悬浮剂1500倍液，或43%露娜森（氟菌·肟菌酯）悬浮剂2000倍液，或10%世高（苯醚甲环唑）水分散粒剂1500倍液，或12.5%四氟醚唑水乳剂1500倍液，或40%腈菌唑可湿性粉剂5000倍液，或25%乙嘧酚磺酸酯微乳剂800倍液等，重点喷施发病中心及周围植株，注意交替使用。

专家提醒

西瓜白粉病在时干时湿环境下易流行蔓延，生产上要加强田间水分管理，切勿干干湿湿频繁交替。白粉病菌极易对防治药剂产生抗（耐）药性，在生产上务必交替轮用不同作用机理的防治药剂，建议在每季西瓜中同种有效成分的药剂及其复配制剂使用次数最多不超过3次。

在早春低温季节以及西瓜苗期慎用好力克、世高、粉锈宁等三唑类药剂，以防药害事故发生。目前市场上常见的三唑类杀菌剂有腈菌唑、苯醚甲环唑、氟硅唑、氟环唑、氟菌唑、戊菌唑、三唑酮、戊唑醇、烯唑醇、丙环唑、己唑醇等。使用三唑类杀菌剂时，切勿随意与提高药剂内吸性、延展性、渗透性的植物油或矿物油等混用，否则将进一步加大药害风险。

此外，棚室内湿度偏高时慎用百菌清及其复配制剂喷雾或烟熏，以防药害。在西瓜4叶期以内不宜采用熏蒸法防治。

西瓜靶斑病

西瓜靶斑病是西瓜上的一种常见病害，全国各地西瓜产区均有发生。

为害症状

西瓜靶斑病主要为害叶片。初期在叶面出现褐色圆形轮纹斑，扩大后呈圆形或近圆形的大型病斑，灰褐色至黑褐色，具明显的深浅相间的同心轮纹，中央有1个白色至灰白色的小斑点，整个病斑酷似射击靶；潮湿时，病斑表面着生黑色霉状物（即病菌的分生孢子梗和分生孢子）；严重时病

病斑酷似射击靶

斑相互汇合，呈圆形或不规则形，导致叶片枯死。

发生特点

潮湿时，病斑表面着生黑色霉状物

西瓜靶斑病由真菌界子囊菌门山扁豆生棒孢[*Corynespora cassiicola* (Berk. & M.A. Curtis) C.T. Wei]侵染引起。病菌以分生孢子或菌丝体随病残体在土壤中越冬，还可以厚垣孢子和菌核越冬。翌年环境条件适宜时产生大量分生孢子，借助雨水、气流、农事操作等传播，进行初次侵染；发病后病部形成新的分生孢子，进行重复侵染。

病菌喜温暖高湿的环境，适宜病菌生长发育的温度为20～30℃，最适宜发病的气候条件为温度25～27℃，相对湿度90%以上。浙江及长江中下游地区此病始见于4月下旬，各地发生程度不一，流行年份较少。西瓜生长中后期遇高温、高湿气候条件，或阴雨天气较多，或长时间闷棚，昼夜温差很大等均有利于发病。

防治要点

①选用抗病品种。拿比特、早春红玉等小型西瓜品种抗病性较强。②与非瓜类作物进行3年以上轮作。③田间管理。加强通风透光，控制棚室温、湿度。④药剂防治。发病初期选用80%大生M-45（代森锰锌）可湿性粉剂600倍液，或70%品润（代森联）水分散粒剂600倍液，或60%百泰（唑醚·代森联）水分散粒剂750倍液，或68.75%易保（噁酮·锰锌）水分散粒剂800倍液，或46%可杀得叁千（氢氧化铜）水分散粒剂800倍液，或50%美派安（克菌丹）可湿性粉剂600倍液等喷雾防治。

西瓜轮纹斑病

西瓜轮纹斑病除为害西瓜外，还可为害蚕豆、番茄、洋葱、葱、大蒜等多种农作物。

为害症状

西瓜轮纹斑病主要为害叶片。发病初期产生水渍状褐色病斑，边缘呈

病斑是由多条深浅相间的波状纹组成的大型轮纹斑

波状纹，若干个波纹形成同心轮纹，病斑四周褪绿或出现黄色区；湿度大时表面出现污灰色菌丝，后变为橄榄色；有时病斑上可见黑色小粒点（即病菌的分生孢子器）。

发生特点

西瓜轮纹斑病由真菌界子囊菌门蒂腐色二孢（*Diplodia natalensis* Pole-Evans）侵染所致。病菌以菌丝体和分生孢子器在病残体上越冬，翌年环境条件适宜时，分生孢子器内释放出分生孢子，孢子萌芽后从叶片侵入，借助风雨在田间传播蔓延。气温在27～28℃，湿度大或湿度与温度变化大时易发病。

防治要点

①选择高燥地块种植，雨后及时排水。②及时防治守瓜、蟀象等害虫，防止从伤口处侵入。③药剂防治。参照“西瓜靶斑病”。

西瓜疫病

西瓜疫病是一种高温高湿型的土传病害，俗称“死秧”。全国各地均有发生，南方发病重于北方。除为害西瓜外，还可为害甜瓜、黄瓜等其他瓜类作物和西葫芦等葫芦科蔬菜。

为害症状

西瓜疫病在西瓜整个生育期均可发生，幼苗、叶片、茎蔓及果实均可受害。

叶片染病，初生暗绿色水浸状斑点，后扩展为圆形或不规则形大病斑，边缘不明显，病部易破碎

幼苗子叶染病，先出现水浸状暗绿色圆形斑，中央部分逐渐变成红褐色；茎基部受害后，近地面处呈现暗绿色水浸状软腐，病部逐渐缢缩，直至倒伏枯死。

真叶染病，初生暗绿色水浸状斑点，后扩展为圆形或不规则形的大病斑，边缘不明显，以后中央为青白色；湿度大时，迅速扩展，软化腐烂，似

后期叶片病斑中央为青白色，干燥时变成淡褐色

开水烫伤状；干燥时变成淡褐色，易破碎。病斑发展到叶柄上时，叶片凋萎下垂。

茎蔓染病，在茎节部出现暗绿色纺锤形水浸状斑点，病部明显缢缩；天气潮湿时，出现暗褐色腐烂，病部以上的茎蔓及叶片凋萎下垂。

茎蔓染病，茎节部出现暗绿色纺锤形水浸状斑点，病部明显缢缩；天气潮湿时，出现暗褐色腐烂

果实染病，形成暗绿色圆形水浸状凹陷斑，并迅速扩展到全果，形成烂瓜，果实皱缩软腐，病部表面密生白色霉状物（即病菌的菌丝），病、健部界限不明显。

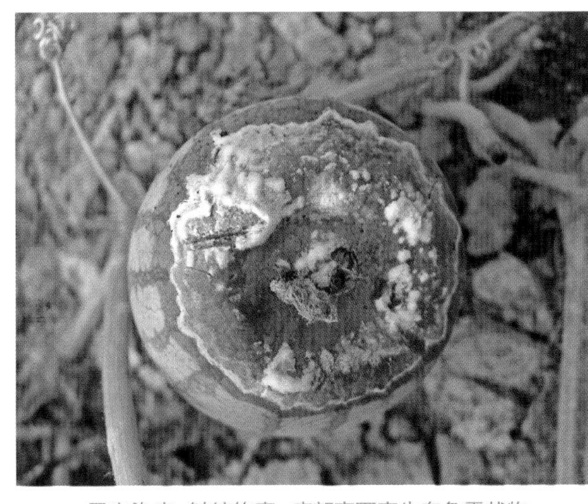

果实染病，皱缩软腐，病部表面密生白色霉状物，病、健交界不明显

发生特点

西瓜疫病由藻物界卵菌门德雷疫霉（*Phytophthora drechsleri* Tucker）和辣椒疫霉（*P. capsici* Leonian）侵染所致，其中以德雷疫霉为主，但在某些地方辣椒疫霉也对西瓜造成一定为害。病菌主要以卵孢子在土壤中的病株残余组织内或未腐熟的肥料中越冬，并可长期存活；厚垣孢子在土壤中也可存活数月；种子也能带菌，但带菌率极低。这些都是翌年田间发病的初侵染源。卵孢子和厚垣孢子通过雨水、灌溉水传播，形成孢子囊和游动孢子，从气孔或直接穿透侵入引起发病。植株发病后，在病斑上产生孢子囊，借助风雨传播，进行再侵染。果实成熟期，果面出现果粉时，病菌难以侵入，但可从未成熟果或害虫为害处或伤口处侵入而发病。

病菌喜高温高湿的环境，但病菌对温度的适应范围较宽，在10～23℃范围内，只要有足够的水分和一定的相对湿度就可以发病，当旬平均气温在17℃以上时，田间便出现中心病株；病菌最适发育温度为28～30℃，低于15℃时病情发展受到抑制。在适宜的温、湿度条件下，病害的潜育期仅需2～3天，病菌的再侵染频繁。

在气温适宜情况下，雨季来的早晚，降雨量、降雨天数的多少，是发病和流行程度的决定因素。在西瓜生长期间遇多雨年份，发病尤重，田间发病高峰往往紧接在雨量高峰后。中心病株出现后，日降雨量达50毫米以上或旬降雨量在100毫米以上时，则病势发展快，易形成流行。如10天以上无雨，又不浇水，则病害停止蔓延。在雨季的高温高湿条件下，若排水通风不良，种植过密，则发病重；地势低洼、排水不良、畦面高低不平、容易积水和多年连作的田块发病重；浇水过多，种植过密，施氮肥过多或施用带菌肥料，均加重发病。浙江地区主要发病盛期在4～7月，长江中下游地区春、夏两季发病重。

防治要点

①选用抗病、耐病品种。早佳8424、拿比特、小兰等西瓜品种抗病性较强。②加强农业措施。实行非瓜类作物轮作3年以上；通过嫁接技术提高作物的抗病能力；选择排水良好的田块，采用深沟高畦种植，雨后及时排水通风降湿；采用配方施肥技术，施用充分腐熟有机肥，提高作物抗性；保护地栽培应采用膜下滴灌或小水渗浇，严禁大水漫灌。③药剂防治。由于西瓜疫病的潜育期短，蔓延迅速，因此要加强田间检查，一旦发现中心病株，须立即施药防治。发病前可选用68%金雷（精甲霜·锰锌）水分散粒剂600～800倍液，或68.75%易保（噁酮·锰锌）水分散粒剂800～1000倍液，或72%克露（霜脲·锰锌）可湿性粉剂600倍液等进行预防。发病初期选用50%阿克白（烯酰吗啉）可湿性粉剂1500倍液，或23.4%瑞凡（双炔酰菌胺）悬浮剂1000倍液，或18%双美清（吲唑磺菌胺）悬浮剂1500倍液，或687.5克/升银法利（氟菌·霜霉威）悬浮剂1000倍液等喷雾防治。施药后应及时通风，等叶片上的药液变干后再闭棚。

专家提醒

棚室内湿度偏高时，慎用百菌清及复配制剂喷雾或烟熏，以防产生药害。百菌清药害症状主要表现为在叶片正面产生不规则坏死斑，严重时全棚植株叶片大面积枯死，酷似高温烧棚。

西瓜绵腐病

西瓜绵腐病是西瓜的常见病害，主要在露地西瓜上发生，特别是多雨季节容易发生，影响产量。保护地西瓜上偶尔发生，零星烂瓜，对生产无明显影响。

为害症状

西瓜绵腐病主要为害果实。以靠近地面的部位先发病，病部初呈褐色水浸状，后迅速变褐软腐，湿度高时病部长出浓密的白色绵毛状菌丝，后期

病部初呈褐色水浸状，后迅速变褐软腐

病瓜腐烂，有臭味。

发生特点

湿度高时病部长出浓密的白色绵毛状菌丝

西瓜绵腐病由藻物界卵菌门瓜果腐霉［*Pythium aphanidermatum*（Edson）Fitzp.］侵染所致。病菌腐生性强，在土壤中长期存活，主要以卵孢子在土壤表层越冬。温、湿度适宜时卵孢子萌发或菌丝产生孢子囊萌发释放出游动孢子，借助灌水或雨水侵染植株或近地面瓜藤。病菌对温度要求不高，10～30℃均可发病。田间高湿或积水易发病。生长期连续阴雨，平均温度22～28℃时，有利于此病的发生和流行。

防治要点

参照“西瓜疫病”。

专家提醒

西瓜绵腐病病菌对湿度要求较高，及时排除田间积水可有效预防此病害发生。做好植株近根部的藤蔓和地面的消毒也是预防西瓜绵腐病的关键。

西瓜灰霉病

西瓜灰霉病在全国各地均有发生，尤以南方潮湿多雨地区发生严重，造成死苗、烂瓜而减产。除为害西瓜外，还可为害黄瓜、茄子、番茄、菜豆等多种蔬菜。

为害症状

幼苗期染病，初期叶片出现不规则形水渍状病斑，心叶受害枯死后，形成“烂头”，随后全株枯死；潮湿时病部产生灰色霉层（即病菌的分生孢子梗和分生孢子）。

成株期染病，从叶缘或叶尖侵入，初始产生“V”字形、半圆形至不规则形的水渍状病斑，具轮纹，后变成红褐色至灰褐色，沿叶脉逐渐向内扩展；潮湿时病部产生灰色霉层。

西瓜灰霉病为害幼苗子叶

花瓣染病，初呈水渍状，后产生灰色霉层，

从叶尖侵入，病斑"V"字形，具轮纹，产生稀疏灰色霉状物

从叶尖侵入，病斑半圆形，水渍状，具轮纹，产生稀疏灰色霉状物

从叶缘侵入，病斑半圆形，水渍状，具轮纹，产生稀疏灰色霉状物

易枯萎脱落。

幼果染病，多发生在花蒂部，初为水浸状软腐，以后变为黄褐色，并腐烂、脱落。受害部位的表面，均密生灰色霉层；空气湿度大时，霉层更明显，病害扩展速度更快。

花瓣染病，枯萎脱落，密生霉层，引起叶片染病

发生特点

西瓜灰霉病由真菌界子囊菌门灰葡萄孢（*Botrytis cinerea* Pers.）侵染引起。病菌主要以菌丝体和菌核随病残体在土壤中越冬。翌春后，菌丝体产生分生孢子或菌核萌发产生子囊盘，释放出子囊孢子，借助气流和雨水等传播，为害西瓜幼苗、花瓣和幼果等，引起初侵染；在病部产生霉层，并产生大量分生孢子，进行再侵染。进入秋季，气温降低，菌丝纠集成菌核，并进行越冬。

幼果染病，密生灰色霉层

病菌适宜生长的温度范围为4～32℃，最适宜发病的环境条件为温度18～23℃，相对湿度持续在95%以上。高温高湿条件下，连作田发病重。

防治要点

①合理轮作。与非寄主作物实行2年以上的轮作，有条件的可进行水旱轮作，防病效果更好。②药剂防治。发病初期选用50%凯泽（啶酰菌胺）水分散粒剂1200倍液，或38%来一金（唑醚·啶酰菌）悬浮剂1000倍液，或42.4%健达（唑醚·氟酰胺）悬浮剂1500倍液，或50%瑞镇（嘧菌环胺）水分散粒剂1500倍液，或50%卉友（咯菌腈）可湿性粉剂5000倍液，或50%扑海因（异菌脲）悬浮剂800倍液，或12%健攻（苯甲·氟酰胺）水分散粒剂1000倍液，或50%腐霉利可湿性粉剂1000倍液等喷雾防治，注意交替用药。

专家提醒

西瓜灰霉病属高湿型病害，及时通风透光，控制好棚室湿度，可有效预防其发生蔓延。建议全园采用地膜覆盖，或采用地布覆盖沟和棚头，降低棚内湿度和减少地表温差，棚内湿度保持50%以下。

西瓜灰霉病属弱寄生菌，调谢的花朵最易感病并成为田间重要再侵染源，生产上可在“沾花药液”中加入0.1%的50%扑海因（异菌脲）可湿性粉剂，预防沾花传病。此外，棚室内温度偏高（超过30℃）时，慎用嘧霉胺（施佳乐）及复配制剂，以防产生药害。

西瓜菌核病

西瓜菌核病在我国西瓜产区普遍发生，特别在春茬大棚西瓜生产中有为害加重趋势，常造成植株死秧和烂瓜，严重影响瓜果产量。此病害寄主十分广泛，除为害葫芦科作物外，还可为害茄科、十字花科、豆科、菊科、伞形科等数百种作物。

为害症状

西瓜菌核病主要为害茎蔓、叶柄、卷须、花器和果实。

幼苗子叶染病，初呈水渍状，逐渐扩大成圆形或不规则形病斑，引起子叶软腐。幼苗茎基部染病，首先出现水渍状病斑，逐步扩大，绕茎1周后，病苗猝倒，呈软腐状。

茎蔓染病，多为害茎基部和主、侧枝分杈处，初始为水渍状褐色褪绿斑点，病斑逐渐扩大后绕茎1周，呈浅褐色至褐色，并沿茎蔓纵向延伸，严重发病时病部可长达30厘米以上。湿度大时，病部软腐，表面长出浓密的白色絮状霉层（即病菌的菌丝体），后期菌丝聚集，在病茎表面和髓部形成黑色鼠粪状菌核。最后病部以上茎蔓和叶片失水萎蔫，导致植株枯死。

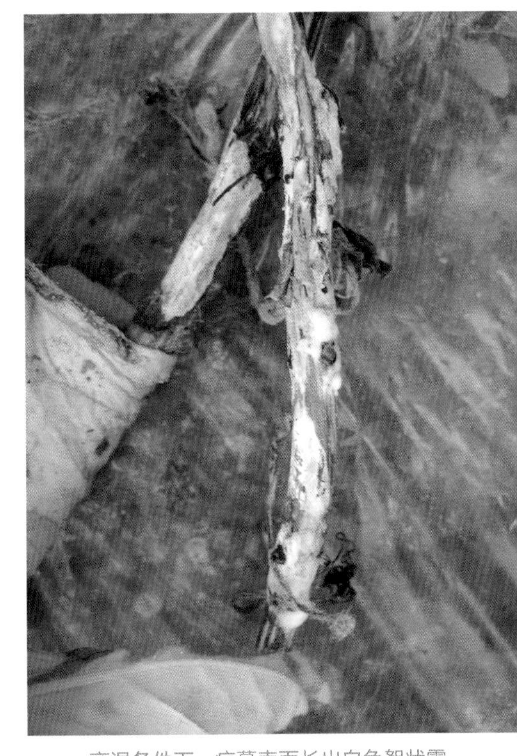

高湿条件下，病蔓表面长出白色絮状霉层，后期形成黑色鼠粪状菌核

叶柄染病症状与茎蔓相同。花器染病呈水渍状腐烂。卷须染病初为水渍状，后干枯死亡。叶片发病较少见，初始产生灰白色至灰褐色的圆形或近圆形的水渍状病斑，后逐渐扩大，叶片湿腐，并向叶柄和茎蔓部位蔓延；病斑干燥后常具淡色轮纹，易破碎。所有病部湿度大时均可长出白色絮状霉层。

果实染病，多从脐部开始，初呈青褐色斑点，水渍状软腐，后慢慢向果柄扩散，病部凹陷，呈暗绿色，很快产生白色絮状霉层，果实腐烂，后期形成黑色鼠粪状菌核。

发生特点

西瓜菌核病由真菌界子囊菌门核盘菌[*Sclerotinia sclerotiorum*（Lib.）de Bary]侵染所致。病菌主要以菌核伴随着植物残体在土壤中或混杂在种子中越冬或越夏。当土温达到10～20℃、湿度高于65%时，菌核就可萌发形成子囊盘，随气流、雨水、灌溉水传播侵染。早春或晚秋遇到低温高湿、连续阴雨，有利于此病的发生和流行。早播或早定植的西瓜如遇春季寒流频繁、阴雨连绵的年份发病重，连年种植同类作物的田块发病重，瓜秧长势弱或遇冻害后可加重发病。大棚西瓜的发病高峰一般在4月下旬至5月上旬。

防治要点

①提倡与水稻轮作5～6年以上或进行土壤消毒，降低土壤中菌核数量。②种子处理。用55℃温水浸泡15分钟，或选用62.5克/升亮盾（精甲·咯菌腈）悬浮种衣剂或25克/升适乐时（咯菌腈）悬浮种衣剂等进行包衣处理后播种。③高温闷棚。采取上午闷棚升温、下午放风降低湿度的方式，降低菌核的萌发率。早春季节温度宜控制在29～31℃，湿度65%以下。④适时整枝打杈。选择晴朗天气，在露水干后及时摘除病枝、病叶、病果，收获后深翻土地，将菌核深埋25厘米的土壤之下，抑制子囊盘萌发出土。⑤药剂防治。参照“西瓜灰霉病”。发病重时，可将对口防治药剂30～50倍液调成糨糊状用毛笔涂抹于发病部位，效果较好。

西瓜炭疽病

西瓜炭疽病在全国各地均有发生，长江中下游地区发生普遍，流行年份多。此病除在西瓜生长期间严重发生外，还可在贮运期继续为害，造成烂瓜。炭疽病除为害西瓜外，还为害甜瓜、冬瓜、黄瓜、瓠瓜、辣椒等。

为害症状

西瓜炭疽病主要为害叶片、叶柄、茎蔓和果实。

幼苗发病，子叶上出现圆形或半圆形的淡黄色水渍状小点，后变褐

西瓜炭疽病早期叶面病斑

色，外围有黄褐色晕圈，中央淡褐色，有同心轮纹，病斑易相连，表面有小黑粒，湿度高时出现粉红色黏稠物；当病情扩展到幼茎时，近地表的茎基部变为黑褐色并缢缩，甚至折断，但病斑发生部位较立枯病高。

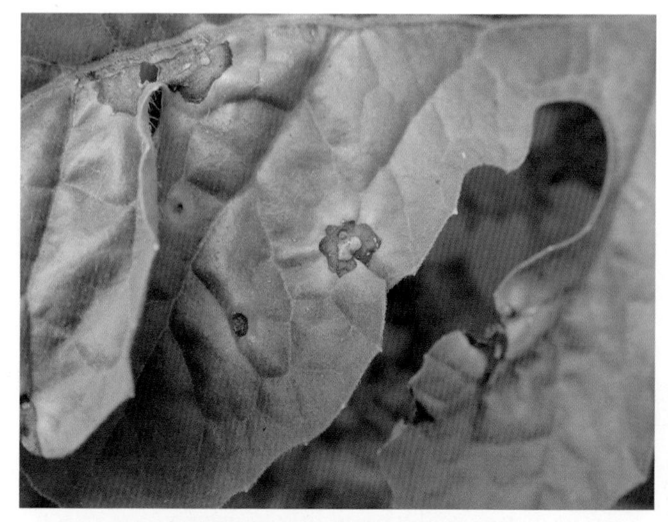
病斑圆形、黑色，外围有黑紫色晕圈

成株期发病，在叶片上出现水渍状纺锤形或圆形斑点，很快干枯成黑色病斑，外围有黑紫色晕圈，有时出现同心轮纹；病斑扩大后，常互相连合，干燥时易破裂，引起叶片枯死；在潮湿条件下，病斑上产生粉红色小点，后变为黑色小点（即病菌的分生孢子盘）。在茎或叶柄上的病斑呈长椭圆形、纺锤形或不规则形，稍凹陷，初期为水浸状黄褐色，逐渐变成黑色；当病斑绕茎1周

干燥时病斑易破裂穿孔

叶柄上具黑色不规则形病斑

茎蔓初期病斑，呈纺锤形，水渍状黄褐色

高湿条件下，病部出现粉红色黏稠物

成熟果实染病，多在暗绿色条纹上出现圆形或椭圆形的暗褐色凹陷病斑，常龟裂

后，病茎上端的叶片、茎蔓全部枯死。成熟果实染病，初始出现暗绿色水浸状小点，病斑扩大后呈圆形或椭圆形，暗褐色至黑褐色，凹陷龟裂；病斑多在暗绿色条纹上，在具条纹果实的淡色部位不发生或轻微发生；潮湿时，病斑中央产生粉红色黏稠物（即病菌的分生孢子）。幼瓜染病，病斑呈水渍状淡绿色，圆形；幼瓜常变畸形，发黑，收缩腐烂，早期脱落。

发生特点

西瓜炭疽病田间为害状(叶片)

西瓜炭疽病由真菌界子囊菌门瓜类刺盘孢[*Colletotrichum orbiculare* (Berk.) Arx]侵染所致。病菌主要以菌丝体或拟菌核在土壤中的病残体上越冬，附着在种子表面的菌丝体和分生孢子也可越冬，可存活2年。翌年遇适宜条件，产生分生孢子，借助风雨及灌溉水传播，引起初侵染；播种带菌种子后，幼苗期易受侵染发病。植株发病后产生大量分生

西瓜炭疽病田间为害状(瓜蔓)

孢子，并进行多次重复侵染。

病菌喜潮湿温暖的环境，湿度是诱发此病的主要因素。在相对湿度为87%～95%的高湿条件下，此病潜育期只有3天，湿度越低，则潜育期越长。如相对湿度降至54%以下时，此病就不能发生。温度对此病影响较小，在10～30℃范围内都会发生，但以24℃为最适。最适宜发病的气候条件为温度20～24℃，相对湿度90%～95%。

西瓜炭疽病在西瓜的整个生长期均可发生，但以生长中后期发病较重。重病田或雨季采收的西瓜在贮运过程中也会发病，常出现大量病斑，并随着果实的成熟，病斑进一步发展；若再放置在潮湿的地方则发病更重。由于早熟西瓜大部分是保护地栽培，所以苗期受害较轻。低温多湿的年份及多年连作、排水不良、偏施氮肥、植株生长势弱的田块发病严重；通风良好、地势高燥的田块则发病较轻。浙江地区西瓜炭疽病在春季4月中下旬开始发病，5月中下旬至7月上中旬因气候适宜容易流行。

防治要点

①选用抗病品种。早佳8424、拿比特、早春红玉等西瓜品种的抗病性较强。②选用无病种子或进行种子处理。采用55℃温水浸种15～20分钟后冷却，或用40%福尔马林（甲醛）150倍液浸种30分钟后用清水冲洗干净，再用清水浸种（福尔马林对个别品种敏感）。③加强田间管理。采用配方施肥，平整土地，防止田间积水，雨后及时排水，及时清除田间杂草。④药剂防治。发病初期选用250克/升凯润（吡唑醚菌酯）乳油1500倍液，或325克/升阿米妙收（苯甲·嘧菌酯）悬浮剂1500倍液，或16%碧翠（二氰·吡唑酯）水分散粒剂 750倍液，或35%露娜润（氟菌·戊唑醇）悬浮剂6000倍液，或75%拿敌稳（肟菌·戊唑醇）水分散粒剂3000倍液，或70%品润（代森联）水分散粒剂600倍液，或60%百泰（唑醚·代森联）水分散粒剂750倍液，或250克/升阿米西达（嘧菌酯）悬浮剂1500倍液，或42.4%健达（唑醚·氟酰胺）悬浮剂2500倍液，或430克/升戊唑醇悬浮剂4000倍液等喷雾防治，注意药剂轮换使用。

西瓜细菌性角斑病

西瓜细菌性角斑病是西瓜的重要病害之一，一年四季均可发生，以晚春至早秋的雨季发病较重，主要为害西瓜、黄瓜、甜瓜、节瓜、西葫芦等。

为害症状

西瓜细菌性角斑病主要为害叶片，也能为害叶柄、茎蔓和卷须。

苗期染病，在子叶产生圆形水渍状凹陷病斑，后变黄褐色，逐渐干枯。

成株期染病，叶片往往初生几十个针头大小的水渍状小斑点，后逐渐

病叶初现几十个针头大小的水渍状小斑点

病斑逐渐扩大后，呈淡黄色或灰白色，外围有黄色晕圈

扩大，呈淡黄色或灰白色，外围有黄色晕圈，因受叶脉限制，病斑呈多角形。最后病斑为淡黄色至黄褐色。对光观察，病斑有明显的透光感。潮湿时，叶片背面常有乳白色黏液溢出（即病菌的菌脓），干燥后形成白痕。病部质地脆碎，易形成穿孔。

对光观察，叶片病斑有明显的透光感

茎蔓、叶柄和卷须染病，出现水渍状小点，后沿茎沟扩展成短条状，黄褐色；严重时病部纵向开裂；高湿条件下也有大量乳白色的黏液溢出，干燥后病部有白痕。

果实染病，出现水渍状圆形小病斑；严重时病斑相互连接成不规则形大斑块，并向瓜瓤扩展，维管束附近的瓤肉变褐色；后期病部溃裂，溢出大量污白色菌脓，常伴有软腐病菌侵染，引起果实局部呈黄褐色水渍状腐烂。病菌可以侵入种子，使种子带菌。

发生特点

西瓜细菌性角斑病由细菌域变形菌门丁香假单胞菌流泪致病变种

叶片背面常有乳白色黏液溢出

叶片背面常有乳白色黏液溢出，干燥后形成白痕

果实染病，表面出现水渍状圆形小病斑

[*Pseudomonas syringae* pv. *lachrymans*（Smith & Bryan）Young et al.]侵染所致。病菌在种子上或随病残体在土壤中越冬，是翌年初侵染源。种子带菌率较高（3%左右），附着在种子上的病菌可在种皮或种子内部存活1～2年。带菌种子发芽时，病菌侵入子叶，引起发病；在病残体上的病菌借助灌溉水、雨水溅到植株近地面的组织上，引起发病。病菌在细胞间繁殖，借助雨水反溅、棚顶水珠下落、昆虫等传播蔓延，从植株的自然孔口和伤口处侵入，经7～10天潜育后出现病斑；高湿条件下病部产生菌脓，菌脓也是再侵染源。

病菌喜温暖潮湿的环境，适宜发病的温度范围为10～30℃，最适宜发病的气候条件为温度24～28℃，相对湿度在70%以上。在雨季极易造成流行，露地栽培比保护地栽培发病重。西瓜最易感病的生育期是开花、座果期至采收盛期。浙江及长江中下游地区西瓜细菌性角斑病的发病盛期在4～6月和9～11月。

防治要点

①选用耐病品种。卫星系列、丰乐系列等西瓜品种抗性较强。②种子处理。用55℃温水浸种15～20分钟，捞出晾干后催芽播种；也可用40%福尔马林（甲醛）150倍液浸种1.5～2小时，清水冲洗干净后催芽播种。③加强栽培管理。及时通风透光，降低田间湿度；清除田间病残体，带出田外集中销毁。④药剂防治。发病初期选用46%可杀得叁千（氢氧化铜）水分散粒剂1500倍液，或20%碧生（噻唑锌）悬浮剂300～400倍液，或47%加瑞农（春雷·王铜）可湿性粉剂800倍液，或2%春雷霉素水剂300～500倍液，或8%宁南霉素水剂800倍液，或3%噻霉酮微乳剂500倍液，或20%噻菌铜悬浮剂500倍液，或30%王铜悬浮剂500倍液等喷雾防治。

专家提醒

目前，西瓜生产基本上采用嫁接苗，而嫁接苗伤口和带菌刀具均有利于病菌的传播和流行。嫁接前，采用40%福尔马林（甲醛）50倍液和75%酒精浸泡嫁接用具15分钟，可有效杀灭嫁接刀具携带的病原细菌，降低致病菌侵染概率。嫁接后，及时选用对口药剂喷雾预防。

铜制剂是当前生产上预防细菌性病害的常用药剂。使用时切勿随意提高施药浓度，并避免与其他农药、微肥混用，特别是偏酸性农药和含有金属离子的叶面肥（如磷酸二氢钾、复合氨基酸等）混用。与偏酸性农药混用，因发生中和反应而降低药效。与含有金属离子的叶面肥混用，则易产生络合物而导致嫩梢、果皮等部位发生药害。此外，高温期慎用铜制剂，花期不宜使用铜制剂，幼果期不能喷施氧化亚铜。

西瓜细菌性果腐病

西瓜细菌性果腐病，又称西瓜细菌性果斑病，是西瓜生产上严重的世界性病害，也是我国的检疫性病害。近年来，西瓜细菌性果腐病在我国呈逐年上升趋势，对西瓜产业造成极大威胁。除西瓜外，还可侵染甜瓜、南瓜、黄瓜、西葫芦等多种葫芦科作物。

为害症状

西瓜细菌性果腐病主要为害叶片和果实。

果实表面出现水渍状斑点，暗绿色，不规则

病斑扩大，颜色变褐，开裂

苗期染病，先侵染子叶，出现黄色水渍状小点，具晕圈。随着叶片生长，病斑沿叶脉扩散，呈黑褐色坏死斑，严重时造成幼苗生长点枯死。

生长期染病，叶面出现棕褐色小点，具黄色晕圈，后病斑沿叶脉扩展成不规则的暗褐色坏死斑；湿度大时，叶背会分泌出菌脓，干燥后形成白色发亮的一层薄膜。

果实发病，果皮上出现暗绿色水渍状凹陷小斑，边缘不规则，后迅速扩散，颜色变褐，病斑扩大成片状大斑，果肉

果肉呈水浸状

病斑出现褐色点状菌斑并开裂

病瓜常有泡沫状溢出物

呈水浸状。发病后期，病斑出现很多褐色点状菌斑并开裂，溢出半透明、黏稠、琥珀色菌脓，果实迅速腐烂。

病害得到控制后的果实表面

发生特点

西瓜细菌性果腐病由细菌域变形菌门西瓜嗜酸菌［*Acidovorax citrulli*（Schaad et al.）Schaad et al.］侵染引起。病菌为革兰阴性菌，最适生长温度为24～28℃，极限低温为4℃，附着在种子和土壤中的病残体上越冬。带病种子是此病的主要初侵染源，病叶和病果上的菌脓借助雨水、风力、昆虫和农事操作等途径通过伤口、气孔完成再侵染。此病在温暖、潮湿的环境中容易暴发流行，湿度愈大，病害愈重，特别是炎热季节伴随暴风雨或大雾结露条件下，发病更重；遇上气温高又下雷阵雨的天气，叶片和果实上的病害症状迅速蔓延。地势低洼、排水不良、种植过密、氮肥过多、钾肥不足、管理粗放、重茬以及虫害发生严重的地块发病重，干旱年份发病轻，高温多雨年份发病重。

防治要点

参照“西瓜细菌性角斑病”。

西瓜根结线虫病

西瓜根结线虫病是土传性顽固病害，在我国南方局部地区发生。除为害西瓜外，还为害甜瓜、黄瓜、南瓜、番茄、茄子、芹菜等多种作物。

为害症状

西瓜根结线虫病仅为害西瓜根部，主根和侧根均可受害，以侧根受害较重。须根或侧根染病，在病根上产生浅黄色至黄褐色、大小不一的瘤状根结，使西瓜根部肿大、粗糙，呈不规则状。解剖根结，病部组织中有许多细长蠕动的乳白色线虫寄生其中。根结之上一般可以长出细弱的新根，在侵染后形成根结肿瘤。根结形成少时，地上瓜蔓无明显症状；根结形成多时，地上瓜蔓生长不良，叶片褪绿发黄，结瓜少而小，果实黄化，晴天中午植株地上部分出现萎蔫或逐渐枯黄，最后植株枯死。

发生特点

西瓜根结线虫病由植物病原线虫根结线虫属（*Meloidogyne*）的某些种引起。江浙一带主要是南方根结线虫[*M. incognita*（Kofoid & White）Chitwood]。西瓜根结线虫雌雄异形，雌虫寄生在西瓜根部，雄虫主要生活在土壤中。

南方根结线虫主要以卵、卵囊和2龄幼虫随寄主植物的根结在土壤中越冬。带虫土壤、病根和灌溉水是其主要传播途径，一般在土壤中可存活1～3年。翌春条件适宜时，雌虫产卵繁殖，孵化后为2龄幼虫侵入根尖，引起初次侵染。侵入的幼虫在根部组织中继续发育、产卵，产生新一代2龄幼虫，随农事操作、流水及自身运动等方式传播，进入土壤中再侵染或越冬。线虫寄生后分泌的唾液刺激根部组织膨大，形成“虫瘿”（根结）。

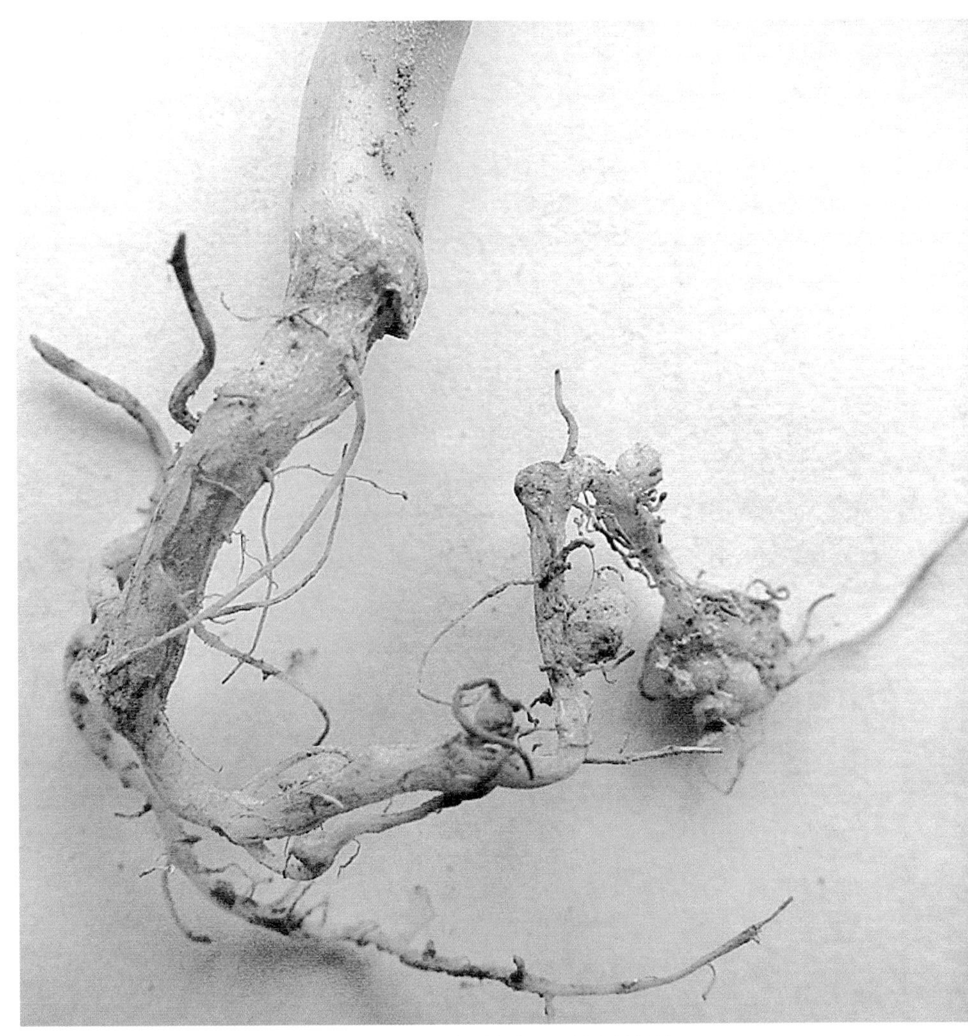

病根上产生浅黄色至黄褐色、大小不一的瘤状根结

南方根结线虫生存的最适温度为25～30℃，土壤含水量在50%左右。土温低于10℃或高于36℃，线虫停止侵染。土壤疏松、透气性好和连作瓜地，根结线虫病发生重。

防治要点

①避免连作，最好与葱蒜类蔬菜、禾本科作物或水生蔬菜实行2～3年轮作，可基本消灭线虫。②不施用未经腐熟的有机肥。③对有根结线虫的地块，在西瓜栽培前覆盖地膜使土壤增温达45℃以上，杀死土壤中的线虫。④在栽培西瓜前，对瓜田灌水到20厘米以上，诱发越冬的根结线虫卵孵出2龄幼虫，使其在短期内找不到寄主植物而死亡。⑤药剂防治。每亩用2亿孢子/克淡紫拟青霉粉剂2千克，或1%家保福(联苯·噻虫胺)颗粒剂5千克，在整地时混入耕土层或在西瓜定植后穴施；也可在定植当天每亩用10%福气多(噻唑膦)颗粒剂1～2千克，或0.2%联苯菊酯颗粒剂5千克，采用多次稀释法与细沙或细干土充分拌匀配制成药土，以每亩15～20千克均匀撒施在畦面上，再用铁耙将药土与表土层(15～20厘米)充分拌匀，定植后浇适量的水，防治效果更佳。田间发现病株后，立即拔除，并集中销毁，并选用41.7%路富达(氟吡菌酰胺)悬浮剂6000倍液，或5%阿维菌素微乳剂3000倍液，或40%辛硫磷乳油1000倍液等灌根防治，每穴灌药液250～300毫升。

专家提醒

被根结线虫污染的土壤，很难将线虫清除，防治十分困难。因此，不施用未腐熟的有机堆肥，阻断根结线虫的远距离传播，是预防根结线虫病的关键所在。而对于已被根结线虫污染的土壤，宜采取土壤消毒，具体技术要点参见附录二“西瓜连作地土壤消毒技术要点”。

西瓜病毒病

西瓜病毒病，俗称小叶病、花叶病，全国各地区均有发生。北方瓜区以花叶型病毒病为主，南方瓜区以蕨叶型病毒病发生较普遍，尤以秋西瓜受害最重。为害程度与种子带毒率和蚜虫等传毒媒介昆虫发生数量密切相关。

西瓜病毒病花叶型症状

为害症状

西瓜病毒病在田间主要表现为花叶型和蕨叶型两种症状。

花叶型　初期顶部叶片出现黄绿镶嵌花纹，以后变为皱缩畸形，叶片变小，叶面凹凸不平，新生茎蔓节间缩短，纤细扭曲，座果少或不座果。

蕨叶型　新生叶片变为狭长形，皱缩扭曲，生长缓慢，植株矮化；有时顶部枝叶簇生，花器发育不良，严重的不能座果。发病较晚的病株，果

西瓜病毒病蕨叶型症状

西瓜叶被黄瓜绿斑驳花叶病毒病侵染

受黄瓜绿斑驳花叶病毒病侵染的西瓜叶（皱叶）

黄瓜绿斑驳花叶病毒病为害西瓜果梗（坏死斑）

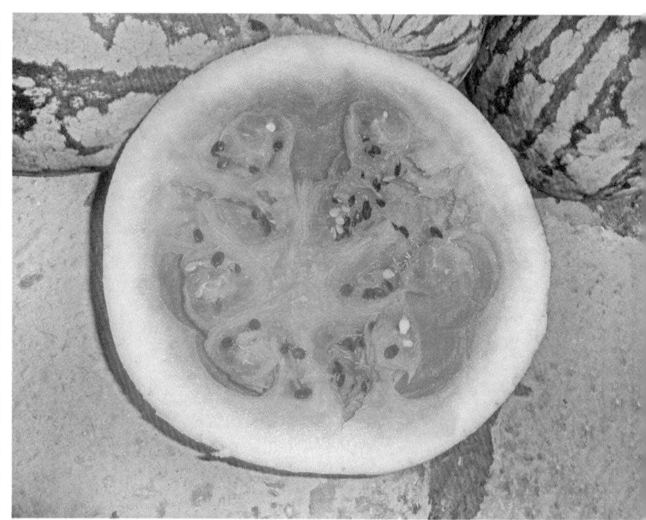

黄瓜绿斑驳花叶病毒病为害西瓜果实（血果肉）

实发育不良，形成畸形瓜；也有的果面凹凸不平，果小，瓜瓤暗褐色，对产量和质量影响很大。

发生特点

为害西瓜的主要病毒种类有：西瓜花叶病毒（WMV）、黄瓜花叶病毒（CMV）、南瓜花叶病毒（SqMV）和黄瓜绿斑驳花叶病毒（CGMMV）等十多种。病毒主要通过昆虫传毒（主要有蚜虫、烟粉虱、蓟马等）、农事操作（如整枝、压蔓、授粉等都可能引起接触传毒）以及种子（包括砧木种子）带毒进行传播蔓延。

防治要点

①用抗病品种。从无病植株上选留种子。②种子处理。用55℃温水浸种30分钟或用10%磷酸三钠溶液浸种20分钟，清水洗净后再催芽播种。③物理防治。集中育苗，田间铺银灰膜避蚜。④药剂防治。发病初期用2%

宁南霉素水剂200～250倍液，或20%吗胍·乙酸铜可湿性粉剂800倍液，或10.0001%羟烯·吗啉胍水剂1000倍液，或0.5%香菇多糖水剂300倍液等与防治蚜虫的药剂（参照“瓜蚜”）混用，喷雾防治。配合施用生长促进剂，如1.8%爱多收（复硝酚钠）水剂3000倍液或0.04%芸苔素内酯水剂10000倍液等，防治效果更佳。

专家提醒

黄瓜绿斑驳花叶病毒（Cucumber Green Mottle Mosaic Virus，CGMMV）属于烟草花叶病毒属病毒，是我国农业植物检疫性有害生物。近年来，此病毒在我国迅速扩散蔓延，并对西瓜产业造成严重危害。

目前尚无防治此病毒的特效药剂，强化植物检疫和生产无病毒种子是预防病害发生蔓延的最重要措施。因此，在生产上务必遵守检疫规定。严格把关引种、制种以及销售等各个环节，做好西瓜等葫芦科种子种苗的带毒检测并实行严格的产地检疫和调运检疫，严防带有黄瓜绿斑驳花叶病毒的葫芦科种子种苗调往无病区。繁育基地应选择在上年未发病、上游水源清洁的区域，不随意试种来源不明的种子。

种子干热处理可以起到较好的消毒效果，但处理种子含水量必须低于4%，处理时间也应严格控制在3天以内，否则热量会透过种皮杀死胚芽，导致种子丧失发芽能力。

蚜虫传播的黄瓜花叶病毒、西瓜花叶病毒等病毒易与黄瓜绿斑驳花叶病毒复合感染，加剧病情恶化，应重视蚜虫防治。

西瓜变形瓜

西瓜变形瓜是西瓜生产上常见的生理性病害之一，造成西瓜品味不佳，降低或丧失商品价值。

为害症状

西瓜顶部歪斜，有时中部凹入，即所谓“歪嘴”；有的接近果柄部分收缩，西瓜呈葫芦状，即所谓“葫芦瓜”；也有的在花蒂部位收缩，西瓜变为上小下大的“歪嘴状”。变形西瓜的歪斜收缩部分，瓜瓤发育不良，呈海绵状。

西瓜变形瓜——“葫芦瓜”

发生特点

导致西瓜变形的病因主要有：一是花芽分化时其发育受到阻碍，以后受精时种子又偏在一方，使养分和水分分配不均；二是花芽在分化过程中进入子房的锰和钙元素不足；三是低温条件下结的西瓜大部分靠近根部，受精不完全，种子也偏向一边，或接近果柄部分的胚珠未受精；四是土壤干旱，尤其是西瓜在幼小时受旱，水分和养料供应不足，也极易形成变形瓜；五是使用“座瓜灵”时用药不匀。西瓜变形瓜以早春和秋季发生为主，无中心发病区，田块间发生差异大。

防治要点

①加强田间管理。适时中耕追肥，促进植株正常生长和根系发达，使花芽充分发育。不要在太靠近根部留瓜，以防西瓜发育不良。在天气干旱时，尤其在西瓜长到鸡蛋或拳头大时，要保证水分供应；若此时干旱，则应根据条件最好灌一次水。②人工授粉。在晴天上午7：00～10：00采摘开放的雄花，剥去花冠，露出花药，轻轻涂抹在雌花柱头上。人工授粉，以看到柱头上沾有黄色花粉即算完成，抹在雌花柱头上的花粉要均匀。若雄花少，一朵雄花可以抹4～7朵雌花。若雄花多，可给每朵雌花插上1朵。如遇连续阴雨天气，应在开花前一天下午，给雌花花蕾套上纸帽防雨，第二天授粉时如仍在下雨，可以用大草帽遮挡，按上述方法授粉，授粉后再给雌花套上纸帽。只要有3个小时不下雨或不着水，雌花即可完成受精过程。雨后将纸帽去掉。③预防措施：在西瓜6～10幅叶片时，叶面喷施艾格富（海竹藻植物生长活性剂）300～500倍液＋1.8%爱多收（复硝酚钠）水剂3000倍液等，每隔7天1次，连续使用2～3次。

西瓜化瓜

西瓜化瓜在早春保护地栽培时易发生，与田间管理密切相关，对产量影响较大。

为害症状

西瓜化瓜主要表现为带花的瓜仁和较小的幼瓜停止生长，表皮褪色，幼瓜萎缩直至干枯或脱落。

西瓜化瓜

发生特点

西瓜化瓜主要发生在春季和夏季高温期，碰到短日照和早春低温或花粉发育不良均可引发化瓜，在未及时整枝、肥水管理不当导致植株徒长时也会发生。

防治要点

①合理施肥。应在测土配方施肥的基础上，合理施用氮肥，防止氮肥过多。②人工授粉。参照“西瓜变形瓜”。③蜜蜂授粉。在保护地栽培的大棚内释放授粉蜜蜂。④药剂处理。花期用8%对氯苯氧乙酸钠可溶性粉剂3500～5000倍液进行喷花。

西瓜裂瓜

西瓜裂瓜是西瓜生产上最常见的生理病害，从幼瓜到采收期均有可能发生。此病发生与品种关系密切，在浙东沿海易发生。

为害症状

西瓜裂瓜主要表现为果实横向或纵向不规则开裂，或在西瓜果皮花痕处产生龟裂，最后多造成腐烂。

发生特点

早期裂果

西瓜裂瓜由多方面原因引起，其中水分供应不均衡是发病的主要诱因。一般在土壤干旱后突下暴雨或灌水，特别是碰到台风天气，容易造成裂瓜；土壤水分变化大，特别是在西瓜膨瓜期或是采收期遭遇连阴雨天气，裂瓜增多；幼瓜期低温，细胞分裂不足，进入膨大期升温过快，肥水足，膨瓜过快，易裂瓜；果实发育期温度骤升骤降变化大，瓜皮瓜肉生长速度不协调，也会导致裂瓜增多；激素使用不当，如花期坐瓜灵浓度过高，膨瓜期膨大剂使用不当均会导致裂瓜；营养不足，氮肥施

西瓜后期裂果

用过多，硼钙钾等元素不足，瓜皮硬度和韧性不够，易裂瓜；棚内湿度大，影响硼钙钾的吸收，也会引起裂瓜。

防治要点

①避免土壤水分的突变。在天气干旱时灌水，水温不宜太低，水量也不宜过大。一般采用地膜覆盖栽培，有防止土壤水分突变作用。②掌握灌水时间。宜在早晚灌水，严禁漫灌，不能在中午用井水灌地，避免冷热剧变。③加深耕层，促进根系下扎，增施钾肥、硼肥和钙肥。④在西瓜如鸡蛋大小时，叶面喷施艾格富（海竹藻植物生长活性剂）300～500倍液+1.8%爱多收（复硝酚钠）水剂3000倍液等，每隔7天1次，连续使用2～3次。

西瓜高温灼伤

高温灼伤是西瓜生产中常见的生理性病害之一，主要发生在夏、秋季栽培的苗期和定植初期以及部分敏感品种。

为害症状

主要为害叶片。初始植株叶片似开水烫伤状失绿、凋萎，逐渐表现为干枯；往往叶缘先干枯，干枯病斑色泽均匀；严重时整张叶片干枯、卷缩，

高温灼伤初期，叶片失绿

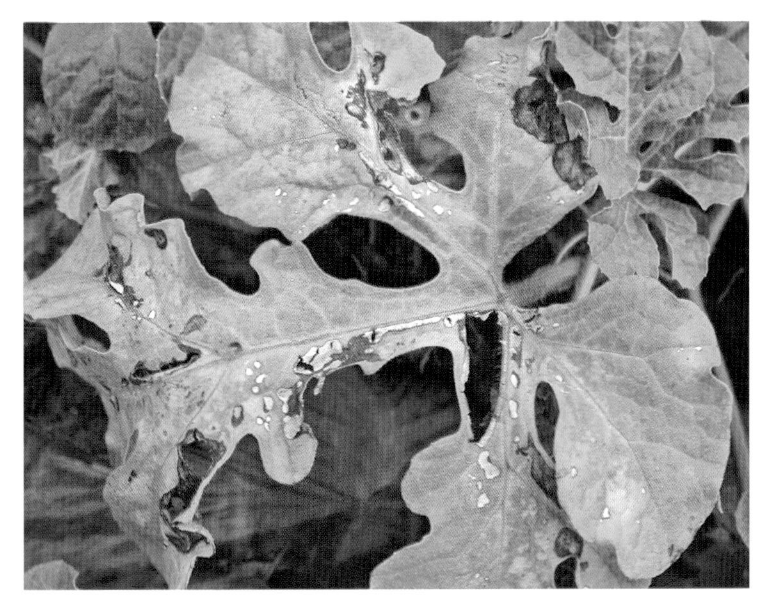

后期叶片灼伤部分干枯

严重时整张叶片干枯、卷缩

甚至整株干枯、死亡，灌水或下雨后症状有所缓解。部分不耐高温的西瓜品种，在夏季高温期间中心嫩叶在初展或未展时叶缘急性干枯、死亡。由于叶片叶缘细胞死亡，而叶片其他部分细胞生长迅速，使受害叶片多数像翻转的汤匙，且叶片明显变小，干枯部分变褐色或黑褐色。夏季苗地植株受高温灼伤后叶片边缘枯焦，匍匐茎前端子苗枯死或匍匐茎尖端枯死。

发生特点

对高温较为敏感的西瓜品种；夏季气温超过35℃以上育苗地瓜苗；西瓜植株根系发育差，新叶过于幼嫩；长期阴雨，天气突然放晴；夏、秋季高温干旱造成叶片蒸腾与补水不平衡；春季保护地栽培管理不当，因通风不良引起小环境内持续高温，易发生高温灼伤。过量施用化肥则发病重。

防治要点

①选择健壮瓜苗，在疏松肥沃的田块种植，以利根系生长，培育长势强的子苗，提高植株抗逆性。②对高温干旱较敏感的品种，在夏季高温来临前用遮阳网搭棚遮盖，既能减少强光直射，又能通风，降低苗地温度。③夏季高温干旱季节，及时浇灌补充水分，苗床提倡早上给水，避免傍晚给水，定植后提倡傍晚给水。④加强通风透光，降低小环境温度。采用电热丝加温育苗的，在气温达到15℃以上时，白天停止加热。⑤补救措施。在发生高温灼伤后选用绿力倍健（含氨基酸水溶肥料）750倍液＋艾格富（海竹藻植物生长活性剂）300～500倍液＋1.8%爱多收（复硝酚钠）水剂3000倍液等进行叶面喷施，补充营养，增强植株生长势。

甜瓜霜霉病

甜瓜霜霉病在全国甜瓜产区均有发生。由于其为流行性病害，扩展蔓延速度快，往往造成甜瓜提前死苗而大幅度减产。主要为害黄瓜、葫芦、甜瓜、丝瓜、苦瓜等，甜瓜、黄瓜受害最重，西瓜发生较轻。一般流行年份减产20%左右，严重田块甚至绝收。

发病初始在叶片正面出现褪绿黄斑，边界不明显

为害症状

甜瓜霜霉病主要为害甜瓜中下部功能叶，一般多从近根部老叶开始发病，逐渐向上扩展。

子叶染病，初始形成不定型褪绿黄斑，扩大后变成黄褐色枯斑。真叶染病，初始在叶正反面出现褪绿淡黄色至鲜黄色斑，边界不明显，病斑扩大后受叶脉限制，呈多角形淡

叶片背面初生褪绿黄斑，水渍状

高湿条件下，病斑背面长出灰黑色霉层

病斑扩大后受叶脉限制，呈多角形淡褐色或黄色斑块

发病中期叶背症状

褐色或黄色斑块（格子状）。高湿条件下，初生病斑呈水渍状，病斑背面长出灰黑色霉层（即病菌的孢囊梗和孢子囊）。环境干热时，病斑很快变褐

严重发病时，病斑连接成片，全叶变黄褐色，干枯、卷缩

色，背面霉层稀疏。发病严重时，病斑连接成片，全叶变黄褐色，干枯、卷缩，似火烧状。在抗病品种上出现的坏死斑较小，形状不规则，褐色，很少见到霉层。

发生特点

甜瓜霜霉病由藻物界卵菌门古巴假霜霉［*Pseudoperonospora cubensis*（Berk. & M.A.Curtis）Rostovzev］侵染所致。病菌可在保护地内安全越冬、越夏。环境条件适宜时产生大量孢子囊，借助风雨传播，发病潜育期3～4天。病菌对温度适应范围较宽，在气温10～30℃均能发病，低于10℃或高于30℃，病菌受到抑制；但对湿度的要求很高，叶面有水滴或水膜6小时以上，病菌才能完全萌发和侵入。最适宜发病的气候条件为温度15～20℃，相对湿度大于83%。

甜瓜霜霉病在整个生育期均可发病，以甜瓜开花结果后流行最盛，春秋两季发病重。生产上发生浇水过量、浇水后遇大雨、地下水位高、枝叶茂密、通风透气不及时等情况时易发病。

防治要点

①选择抗病品种。甜瓜古拉巴、玉姑等品种抗病性较好。②加强栽培管理。选择地势高、排灌方便的田块，培育无病苗。最好采用地膜覆盖技术，降低田间湿度；定植后结瓜前应控制浇水，浇水宜在上午进行，并及时通风降湿。合理施用生物有机肥和配方施肥，以提高植株抗性。③生态防治。保护地栽培甜瓜，上午进行闷棚，使棚温迅速升至25～30℃，湿度降至75%（有条件的可先排湿）；下午及时通风，温度降至20～25℃，湿度降至70%；傍晚加大通风量，使棚温在夜间迅速降至15℃左右，可有效抑制甜瓜霜霉病的发生为害，而不影响甜瓜的生长。④药剂防治。参照“西瓜疫病”。在防治药液中添加0.2%磷酸二氢钾或艾格富（海竹藻植物生长活性剂）300～500倍液＋1.8%爱多收水剂3000倍液等，可增加叶面抗病性。施药后应及时通风，使叶片上的水渍干后再闭棚。

甜瓜疫病

甜瓜疫病俗称“死秧”，是甜瓜的重要病害，各甜瓜产区均有发生。其寄主包括南瓜、节瓜、冬瓜等大部分葫芦科植物。

为害症状

甜瓜整个生育期均可发病，主要为害根茎、叶片和果实。

苗期染病，多从子叶叶缘或叶尖侵入，初呈水渍状暗绿色病斑，高湿条件下，病斑迅速扩展，造成全叶腐烂；幼苗茎基部染病，多在近地面茎基部开始，初呈暗绿色水渍状斑，以后病部逐渐软腐缢缩，最后全株萎蔫死亡。

真叶染病，初呈暗绿色水渍状斑

子叶初呈水渍状暗绿色病斑

后期病斑中央灰白色，边缘不明显

湿度大时，病斑水渍状，迅速扩展，叶背有时有白色霉层

点，后扩展为近圆形或不规则形的黄褐色大斑，边缘不明显，后期病斑中央灰白色。湿度大时，病斑迅速扩展，并变软腐烂，似开水烫伤状，叶背有时有白色霉层；干燥时病斑变淡褐色，干枯后易破裂。

茎染病，多在近地面处或嫩茎节部发生，发病初期产生水渍状病斑，扩大后绕茎1周，病部缢缩，造成上部植株萎蔫枯死，但病茎维管束不变色。高湿条件下，往往有多处茎节发病，俗称“节节烂”。

果实染病，病部出现暗绿色水渍状病斑，近圆形，稍凹陷，并迅速扩展，病果软腐。高湿条件下，病部长出浓密的白色霉状物（即病菌的孢囊梗和孢子囊）。

发生特点

茎基部发病，缢缩软腐，造成上部植株萎蔫枯死

甜瓜疫病由藻物界卵菌门甜瓜疫霉（*Phytophthora melonis* Katsura）侵染引起。此外，辣椒疫霉（*P. capsici* Leonian）和烟草疫霉（*P. nicotianae* Breda de Haan）等也能引起此病。病菌以菌丝体和卵孢子随病残体在土壤和有机肥中越冬，成为翌年的主要初侵染源。种子也可带菌，但带菌率很低。湿度高时迅速扩展并长出白色霉层，形成新的孢囊梗和孢子囊，借助气流和雨水传播，进行再侵染。病菌对温度的适应范围较宽，在10～33℃内，只要有足够的水分和一定的相对湿度即可发病；当旬平均气温在17℃以上时，田间便可出现中心病株。最适宜病菌发育的温度为28～30℃，相对湿度在80%以上。在适宜环境条件下，病害潜育期仅需2～3天，病菌再侵染频繁。长江中下游地区发病早且重；多年连作、地势低洼的田块发病重。

果实发病，长出浓密的白色霉状物

防治要点

①选用无病种子，提倡与非瓜类作物实行3年以上轮作。②选择地势高燥、排水良好的田块种植。采用深沟高畦，合理灌溉。每次大雨后及时通沟，特别进入梅雨季节后要敞开畦口，使水随流随排，做到畦面不积水。③增施有机肥，提高植株抗病力。④清洁田园。及时清除田间病残体，减少田间病菌基数。此外，在果实下铺垫麦秆等物，也可减轻发病。⑤药剂防治。参照“西瓜疫病”。

甜瓜菌核病

甜瓜菌核病是甜瓜生产上普遍发生的世界性病害，多雨年份为害重。发病后，常造成植株死秧和烂瓜，一般减产20%～30%，严重时可造成毁棚绝收。

为害症状

甜瓜菌核病主要为害茎蔓、叶柄、卷须、花器和果实。

茎蔓发病，多从主侧枝分杈处开始，并上下纵向延伸，高湿条件下表面密生白色絮状菌丝体

后期病部表面菌丝纠集成团，形成黑色鼠粪状菌核

果实发病，多从脐部开始

幼苗子叶染病，初呈水渍状，逐渐扩大成圆形或不规则形病斑，引起子叶软腐。幼苗茎基部染病，首先出现水渍状病斑，逐步扩大，绕茎1周后，病苗猝倒，呈软腐状。

茎蔓染病，多为害茎基部和主侧枝分杈处，初始为水渍状褐色褪绿斑点，病斑逐渐扩大后绕茎1周，呈浅褐色至褐色，并沿茎蔓纵向延伸，严重发病时病部可长达30厘米以上。湿度大时，病部软腐，表面长出浓密的白色絮状霉层（即病原菌的菌丝体），后期菌丝聚集，在病茎表面和髓部形成黑色鼠粪状菌核。最后病部以上茎蔓和叶片失水萎蔫，导致植株枯死。

叶柄染病症状与茎蔓相同。花器染病呈水渍状腐烂。卷须染病初为水渍状，后干枯死亡。叶片发病较少见，初始产生灰白色至灰褐色的圆形或近圆形的水渍状病斑，后逐渐扩大，叶片湿腐，并向叶柄和茎蔓部位蔓延；病斑干燥后常具淡色轮纹，易破碎。所有病部湿度大时均可长出白色絮状霉层。

果实染病，多从脐部开始，初呈青褐色斑点，水渍状软腐，后慢慢向果柄扩散，病部凹陷，呈暗绿色，很快产生白色絮状霉层，果实腐烂，后期形成黑色鼠粪状菌核。

茎基部发病，导致病部以上全株枯死

发生特点

甜瓜菌核病由真菌界子囊菌门核盘菌[*Sclerotinia sclerotiorum*（Lib.）de Bary]侵染所致。病菌以菌核在土壤或土壤中的植株残体上越冬、越夏。此病对温度要求不高，5～30℃均可发病，但对湿度要求较高，湿度大于80%时发病较快，低于75%不易发病，故在早春4～5月极易发生和流行。菌核萌发后，产生子囊盘和子囊孢子，随气流、雨水、灌溉水传播，通过气孔、伤口侵染。发病后形成的白色菌丝，继续通过植株接触传染扩展。苗期、成株期均可发病，保护地发生更为严重。

涂抹法防治甜瓜菌核病

防治要点

参照“西瓜菌核病”。

甜瓜炭疽病

甜瓜炭疽病在全国各产瓜区均有发生，露地栽培和保护地栽培甜瓜均可受害。除生长季节发病外，果实在贮运期也可发病，引起烂瓜。

为害症状

幼苗子叶染病，边缘出现褐色的半圆形或圆形病斑；茎基部染病，病

发病早期叶面症状

发病后期，病斑褐色，有黄色晕圈

发病中后期叶面病斑

部缢缩，变黑褐色，幼苗猝倒，但发病部位要比立枯病、猝倒病高。

成株期叶片染病，初为黄褐色水渍状圆形斑点，后扩大为褐色，有时出现同心轮纹，病、健交界处有明显的黄色晕圈，干燥时病部易破碎。茎和叶柄染害，病斑椭圆形，凹陷，表面着生许多黑色小点；发病严重时，因叶片全部干枯，引起瓜苗枯死。

果实染害，初为暗绿色水渍状小点，后扩大为圆形凹陷的暗褐色病斑，凹陷处常龟裂；天气多雨潮湿时，病部溢出粉红色黏稠物（即病菌的分生孢子堆）；严重时多数病斑汇合，导致烂瓜。

干燥时病部易破碎

病斑椭圆形，稍凹陷，有红色黏稠物

发生特点

茎蔓发病后期，病部表面密生黑色小点，有红色黏稠物溢出

甜瓜炭疽病由真菌界子囊菌门瓜类刺盘孢[*Colletotrichum orbiculare*（Berk.）Arx]侵染所致。病菌以菌丝体和拟菌核在病残体上越冬，成为翌年的初侵染源。越冬后的病菌产生分生孢子，借助风、雨水、灌溉水、昆虫和人畜活动传播，进行重复侵染。环境条件适宜时，短期内产生大量分生孢子，传播后引起病害流行。病菌在温度10～30℃内均可发病，当相对湿度低于54%时则病菌受到抑制。最适宜发病的气候条件为温度20～24℃，相对湿度95%以上。

甜瓜炭疽病在整个甜瓜生育期均能发生，以生长中后期发病较重。多年连作、地势低洼、通风透光不良、植株生长衰弱、虫害严重等条件下，发病重。江浙一带在5月中旬进入发病盛期。甜瓜采收后在贮运期遇到潮湿的环境条件，易发生烂瓜。

防治要点

参照“西瓜炭疽病”。

甜瓜白粉病

甜瓜白粉病是甜瓜的重要病害之一，在全国各甜瓜产区均有发生。甜瓜因叶片受害引起早期枯死，影响光合作用，降低产量和质量。

为害症状

甜瓜白粉病主要为害叶片，其次是叶柄和茎，一般不为害果实。

发病初期叶面产生白色粉斑

发病初期，叶面或叶背产生白色近圆形星状小粉点，以叶面居多。当环境条件适宜时，病斑迅速扩大，连接成片，成为边缘不明显的大片白粉区，上面布满白色粉末状霉（即病菌的菌丝体、分生孢子梗和分生孢子），严重时整张叶片布满白粉。病害逐渐由老叶向新叶蔓延。发病后期，白色粉层因菌丝老熟而变为灰色，叶片也逐渐褪色；严重时病叶枯黄、卷缩，一般不脱落。当环境条件不利于

白色粉斑不断扩大，连接成片，严重时遍及整张叶片

叶片发病后期，白色粉层因菌丝老熟变为灰色

茎蔓发病密生白色粉层

病菌繁殖或寄主衰老时，病斑上出现成堆的黄褐色的小粒点，后变成黑色（即病菌的闭囊壳）。叶柄和茎上的病斑与叶片相同，但白粉较少。

茎蔓发病后期，白色粉层因菌丝老熟变为灰色

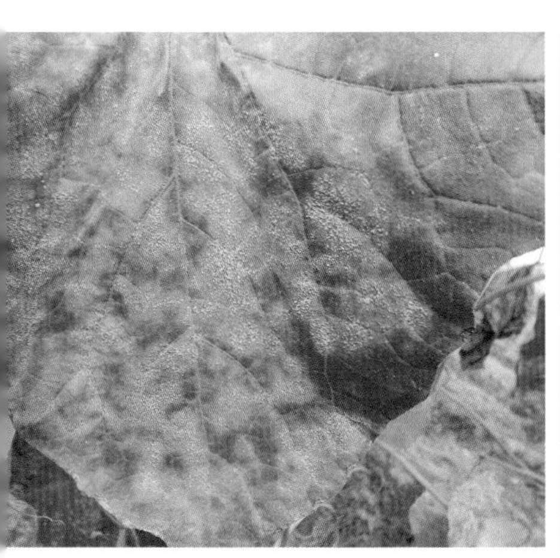

甜瓜白粉病防治后复发

发病末期病叶枯黄，但不脱落

发生特点

甜瓜白粉病田间为害状

甜瓜白粉病由真菌界子囊菌门专性寄生菌单丝壳[*Sphaerotheca fuliginea*(Schltdl.) Pollacci]和二孢白粉菌(*Erysiphe cichoracearum* DC.)侵染所致，而在新疆地区以瓜类单丝壳[*S. cucurbitae*(Jacz.) Z.Y. Zhao]为主。在我国南方，周年可种植瓜类作物，白粉病菌不存在越冬现象，病菌以菌丝体或分生孢子在西瓜或其他瓜类作物上繁殖，并借助气流、雨水等传播，形成扩大侵染；在这些地区，白粉病菌较少产生闭囊壳。在北方，病菌以闭囊壳附着在病残体遗留于土壤表层或温室的瓜类上越冬。分生孢子借助气流或雨水传播侵染寄主叶片，产生芽管和吸器从叶片侵入。菌丝体附生在叶片表面，从萌发到侵入需24小时，每天可长出3～5根菌丝，5天后在侵染处形成白色菌丝丛状病斑，经7天成熟，形成分生孢子飞散传播，进行再次侵染。适宜发病的环境条件为温度15～30℃，相对湿度80%以上。

甜瓜白粉病的发生和流行与温、湿度和栽培管理有密切关系。病菌分生孢子在10～30℃内都能萌发，以20～25℃为最适；白粉病菌比较耐干旱，在空气相对湿度为25%的条件下，分生孢子也能萌发，较高湿度条件下有利于分生孢子的萌发和侵染；但过多的降雨或叶面结露持续时间过长，空气相对湿度大，分生孢子会吸水过多，因膨胀压增大而导致细胞壁破裂，对分生孢子的萌发和侵染不利，病害反而受到抑制。高温干燥有利于分生孢子的繁殖和病情的扩展，尤其当高温干旱与高湿条件交替出现，又有大量菌源时，此病易流行。

甜瓜的不同生育期对白粉病的抵抗力有差异，一般是苗期或成株期的嫩叶抗病力较强。甜瓜白粉病菌为专性寄生菌，只能在活的寄主体上吸取营养，在表皮细胞上呈外寄生，所以病叶一般不出现坏死斑，而只表现为枯黄症状。

甜瓜白粉病在甜瓜的整个生育期均可发生，春季和秋季保护地栽培甜瓜主要在4月下旬至5月和9月下旬至11月上旬发病，发病相对较重，露地栽培甜瓜主要在夏、秋季发病。种植过密，通风透光不良；氮肥过多，植株徒长；土壤缺水，灌溉不及时，则病势发展快，病情重。灌水过多，湿度大，地势低洼，排水不良或靠近温室、大棚等保护地的甜瓜田，发病也重。

防治要点

①选用抗病、耐病品种。古拉巴、西薄洛托、西州蜜25号等品种抗病性较强。②合理轮作。提倡与禾本科作物实行3～5年轮作。③加强栽培管理。科学施肥，合理密植，旱时做好灌溉，涝时做好排水，增强植株抗病力；甜瓜收获后，彻底清理植株病残体，并带出田外集中销毁。④药剂防治。参照“西瓜白粉病”。

专家提醒

甜瓜对硫较敏感，不宜采用硫黄熏蒸法防治。

甜瓜叶枯病

甜瓜叶枯病是甜瓜生产上的常见病害，其主要寄主作物有甜瓜、黄瓜、西葫芦等，夏、秋季栽培发生重，沿海地区流行年份多。

为害症状

甜瓜叶枯病主要为害叶片。叶片发病，初期产生褐色小斑点，中间稍有凹陷，后病斑逐渐扩大，轮纹不明显，但病、健部交界明显，病斑边缘呈水渍状；发病后期病斑相互汇合，连接成片，导致叶片干枯。果实染病，

甜瓜叶枯病中期病叶

病斑轮纹不明显，但病、健部交界明显

症状与叶片类似，病菌可侵入果肉，导致果实腐烂。

发生特点

甜瓜叶枯病由真菌界子囊菌门瓜链格孢[*Alternaria cucumerina*（Ellis & Everh.）J.A. Elliott]侵染引起。病原菌附着在病残体上或种皮内越冬，成为翌年的初侵染源。分生孢子借助气流或雨水传播，孢子萌发直接侵入叶片。环境条件适宜时2～3天即发病，遇25℃以上的较高气温和高湿天气时容易流行，特别是在台风、暴雨过后病情迅速扩展。

防治要点

①选用无病种子和进行种子处理。采用55℃温水浸种20分钟，杀灭种子表面所带的病菌。②提倡轮作，不与葫芦科作物连作或邻作。③加强田间管理。合理密植，合理灌水，增施有机肥，提高抗病力。④药剂防治。参照“西瓜靶斑病”。

甜瓜蔓枯病

甜瓜蔓枯病又叫褐斑病、黑腐病。甜瓜产区均有分布，保护地栽培甜瓜发病较重，造成整片植株枯死，严重影响产量。

为害症状

茎、叶和果均可受害，以茎蔓受害最重。

茎蔓染病，多从茎基和茎节附近开始，初呈淡黄色油浸状病斑，稍凹陷，不规则形；而后病部龟裂，常分泌出红褐色胶状物，干燥后呈红褐色

茎蔓染病，多发生在茎节附近，初期产生油浸状不规则形病斑

茎蔓病部常分泌出红褐色胶状物，有时表面密生黑色小点

茎基部病部龟裂，红褐色胶状物干燥后呈红褐色或黑色块状物

后期茎蔓病部干枯、凹陷，表面呈灰白色，易碎烂，其上散生黑色小点

或黑色块状物，湿度高时病部易腐烂；后期病部干枯、凹陷，表面呈灰白色，易碎烂，其上散生黑色小点（即病菌的分生孢子器及子囊壳）。解剖病茎维管束不变色，有别于枯萎病。

叶片染病，病斑多呈“V”字形，有时为近圆形至不规则形，黑褐色，有不明显的同心轮纹；叶缘老病斑上有小黑点；病叶干枯，呈星状破裂。

果实染病，初期产生水渍状病斑，中央变褐色枯死斑，呈星状开裂，引起烂瓜。

叶片染病多从叶缘侵入，病斑多呈“V”字形，有时近圆形或不规则形

叶缘老病斑上密生小黑点

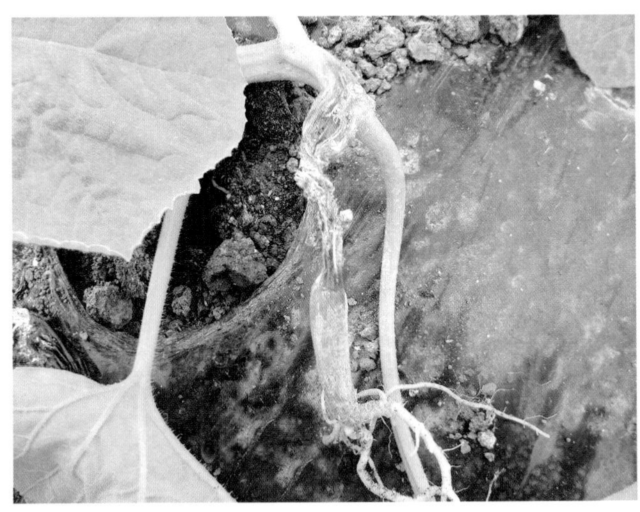
有时病蔓后期腐朽并卷成乱麻状

有时病蔓纵向开裂，并有胶状物流出

发生特点

甜瓜蔓枯病由真菌界子囊菌门泻根亚隔孢壳［*Didymella bryoniae* (Fuckel) Rehm.］侵染所致。病菌以分生孢子器和子囊壳在病残体上和土壤中越冬，种子也能带菌。翌年春暖后，产生分生孢子并借助气流和雨水传播，引起甜瓜发病，或由种子带菌引起发病形成中心病株，以后在病部产生分生孢子器和子囊壳进行田间再侵染。病菌可从茎蔓的节间、叶和叶缘水孔及伤口侵入。多年连作、地势低洼、枝蔓茂密、通风不良、田间操作时造成伤口等情况发病重。

防治要点

①提倡与水稻轮作5～6年以上或进行土壤消毒，减少土壤中的病原菌。②选育无病种子或进行种子处理。用55℃温水浸种15分钟，冷却后催芽播种。或选用62.5克/升亮盾（精甲·咯菌腈）悬浮种衣剂或25克/升适乐时（咯菌腈）悬浮种衣剂等进行包衣处理后播种。③加强田间管理。高畦

地膜栽培，不使用前茬瓜类作物上使用过的架材。增施有机肥，适时追肥，以防止生长中后期脱肥。保护地栽培要加强通风透光，特别是在伸蔓和整枝阶段，要减少滴水，降低棚室内湿度，保持畦面处于半干状态。雨季应加强防涝，降低土壤水分。发病后适当控制浇水，及时清除田间病残体并带出田外集中销毁。④药剂防治。参照“西瓜蔓枯病”。

专家提醒

整枝伤口是甜瓜蔓枯病侵入为害的重要途径。田间整枝宜选择在晴天棚室通风降湿后进行，整枝后立即选用对口药剂涂抹或喷雾伤口，预防病害发生流行。

甜瓜生长中后期及时采取穴施复合肥或叶面喷施艾格富（海竹藻植物生长活性剂）300～500倍液＋1.8%爱多收水剂3000倍液等进行追肥，防止植株因脱肥引起生长势衰落而易感病。

整枝伤口是甜瓜蔓枯病病菌的重要侵入途径

甜瓜枯萎病

甜瓜枯萎病又称蔓割病、萎蔫病或萎凋病，是甜瓜生产上的重要土传真菌维管束病害。随着甜瓜保护地栽培技术的发展，连作年限的延长，病害发生逐年加重。

为害症状

苗期染病，幼苗未能出土即腐烂，或出土后不久顶端出现失水状。子叶和真叶颜色变浅，似缺水状萎蔫下垂。茎基部变褐缢缩，最后枯死。剖视病茎，可见其维管束变黄。

幼苗茎基部病斑纵裂，流出琥珀色胶状物

成株期染病，初始叶片从基部向前逐渐萎蔫，似缺水状，中午烈日下表现尤为明显，早晚可恢复；持续3～6天后，整株（蔓）呈枯萎状凋萎，不再恢复正常，部分叶片变褐色或出现褐色坏死斑块，茎基部缢缩，出现褐色条形水渍状病斑。在田间有时同一植株中部分枝蔓萎蔫，另一部分枝蔓仍正常生长，以后逐渐蔓延至全株；有的则表现为同一条茎蔓半边发病，半边健全；也有的主蔓枯萎，而在茎基部长出不定根，萌发新侧枝；有的病株后期，茎基部表皮破裂，茎蔓上病部纵裂；有时病株根部还

茎基部出现褐色长条形病斑，病部缢缩，流出紫红色胶状物，有时表皮破裂

茎基部维管束褐变，木栓化

会腐朽成麻丝状。在病势急剧时，发病茎蔓3～4天后即枯死。在潮湿条件下，病部表面产生少量白色至近粉红色的霉层（即病菌的分生孢子梗和分生孢子），或流出琥珀色至紫红色胶状物。

检视病株的根或茎蔓，可见其须根很少，根和茎蔓的维管束导管全部变成淡黄色至褐色，这是病菌分泌的毒素毒害植株细胞而表现出来的症状，可作为诊断枯萎病的重要依据之一。在病变的维管束内常可检验出大量菌丝体和小型分生孢子。因菌丝体不断扩大和孢子繁殖而堵塞导管，使茎叶失水而导致萎蔫死苗。

病株根系发育不良，须根变少，易拔起

发病初期，晴天中午病株叶片自下而上萎蔫下垂，早晚恢复

发病数天后，整株呈枯萎状凋萎，早晚不再恢复正常

发病后期全株枯死

发生特点

甜瓜枯萎病由真菌界子囊菌门的3个专化型：尖镰孢甜瓜专化型［*Fusarium oxysporum* f. sp. *melonis* W.C. Snyder & H.N. Hansen］、尖镰孢西瓜专化型［*F. oxysporum* f. sp. *niveum*（E.F. Sm.）W.C. Snyder & H.N. Hansen］、尖镰孢黄瓜专化型（*F. oxysporum* f. sp. *cucumerinum* J.H. Owen）侵染所致。在实验室和温室条件下瓜类不同专化型有交叉侵染现象，但在大田很少有不同专化型交叉侵染的现象。病菌以菌丝体和厚垣孢子随病残体在土壤中越冬，也可以种子带菌越冬。翌年病菌从根部伤口以及根毛顶端侵入，然后进入维管束，在其中发育，堵塞导管或产生毒素引起植株中度萎蔫而死。病菌菌丝体生长发育温度为5～35℃，最适温度为20～30℃；空气湿度大于80%易发病，小于70%发病减轻，夏季大雨或暴雨后，地温下降易发病。土壤的酸碱性对病菌的萌发亦有影响，土壤pH在4.5～6的地块，发病相对较重。甜瓜整个生育期均可发病，以抽蔓至结瓜期发病最重。

防治要点

①选择丰蜜6号、伊丽莎白等较抗病品种。②提倡与水稻轮作5～6年以上或进行土壤消毒，减少土壤中的病原菌。③种子处理。选用62.5克/升亮盾（精甲·咯菌腈）悬浮种衣剂或25克/升适乐时（咯菌腈）悬浮种衣剂等进行包衣处理后播种。④加强田间管理。高畦深沟，降低田间湿度，防止大水漫灌。多施钾肥、硼肥，少施氮肥，提高植株的抵抗力。⑤药剂防治。参照“西瓜枯萎病”。

甜瓜细菌性叶斑病

甜瓜细菌性叶斑病是甜瓜的重要病害，保护地栽培和露地栽培均可发生，对产量影响很大。其寄主有甜瓜、西瓜、冬瓜、西葫芦、黄瓜等。

为害症状

甜瓜细菌性叶斑病主要为害叶片，也为害茎蔓和果实。

子叶最早受害，初期表现为圆形或不规则形的浅黄褐色、半透明点状

叶面病斑凸起，中央呈白色、灰白色、黄色或黄褐色，直径1～2毫米，边界不明显，外围有黄色晕圈

病斑，以后病斑扩大。真叶受害，初期叶背出现水渍状褪绿小斑点，稍凹陷，但病斑处叶面凸起，变薄，中央呈白色、灰白色、黄色或黄褐色，边界不明显，外围有黄色晕圈；以后逐渐扩大，因受叶脉限制，使病斑呈多角形或不规则形，直径1～2毫米，外围为褪绿晕纹；叶背病斑有时可溢出黄白色菌脓，但不常见，有别于细菌性角斑病；后期病斑呈黄色至黄褐色，中央半透明，病部易开裂脱落。

茎蔓受害，病斑为褐色，因病斑扩展造成绕茎腐烂时，引起病斑以上茎蔓枯死。

后期病斑呈黄色至黄褐色，中央半透明，无菌脓溢出痕迹

果实受害，果皮表面出现绿色水渍状斑点，以后发展为不规则形、中央隆起的木栓化病斑，病斑周围水渍状；病斑可发生龟裂，向果内扩展引起烂瓜和种子带菌。

发生特点

甜瓜细菌性叶斑病由细菌域变形菌门瓜类黄单胞菌[*Xanthomonas cucurbitae*（ex Bryan）Vauterin et al.]侵染所致。病原菌主要附着在种子表面越冬，成为翌年初侵染源，少数随病残体在土壤中越冬。病原菌从水孔、气孔或伤口侵入，引起初侵染。借助风、雨、昆虫和农事操作等传播，进行重复侵染。带菌种子通过种子调运将病害作远距离传播，在种子发芽时侵染子叶引起发病。甜瓜细菌性叶斑病在甜瓜各生长期都能发病，多年连作、地势低洼的田块以及低温高湿等条件下发病重。

防治要点

①合理轮作。与非瓜类作物轮作2年以上。②清洁田园。生长期间和收获后及时清除病叶和病残体，并深埋处理。深翻土层，加速病残体的分解，减少初侵染菌源。③种子处理。用55℃温水浸种20分钟，捞出晾干后催芽播种。④药剂防治。参照“西瓜细菌性角斑病”。

甜瓜细菌性角斑病

细菌性角斑病是甜瓜的重要病害之一，一年四季均可发生，以晚春至早秋的雨季发病较重，主要为害甜瓜、西瓜、黄瓜、节瓜、西葫芦等。

为害症状

甜瓜细菌性角斑病主要为害叶片，也能为害叶柄、茎蔓和卷须。

苗期染病，在子叶产生圆形水渍状凹陷病斑，后变黄褐色，逐渐干枯。真叶染病，往往初生几十个针头大小的水渍状小斑点，后逐渐扩大，呈淡黄色或灰白色，外围有黄色晕

发病初始在叶背产生众多针头大小的水渍状小斑点

叶片背面常有乳白色黏液溢出，干燥后形成白痕

对光观察，叶面病斑有明显的透光感

圈。因受叶脉限制，病斑呈多角形。最后病斑变为淡黄色至黄褐色。对光观察，病斑有明显的透光感。潮湿时，叶片背面常有乳白色黏液溢出（即病菌的菌脓），干燥后形成白痕。病部质地脆碎，易形成穿孔。

甜瓜细菌性角斑病早期叶面症状

茎蔓、叶柄和卷须染病，出现水渍状小点，后沿茎沟扩展成短条状，黄褐色，严重时病部纵向开裂；高湿条件下也有大量乳白色的菌脓溢出，干燥后病部有白痕。

甜瓜细菌性角斑病中期叶面症状

果实染病，出现水渍状圆形小病斑，严重时病斑相互连接成不规则形的大斑块，并向瓜瓤扩展，维管束附近的瓤肉变褐色；后期病部溃裂，溢出大量污白色菌脓，常伴有软腐病菌侵染，引起果实局部呈黄褐色水渍状腐烂。病菌可以侵入种子，使种子带菌。

发生特点

甜瓜细菌性角斑病由细菌域变形菌门丁香假单胞菌流泪致病变种[*Pseudomonas syringae* pv. *lachrymans*(Smith & Bryan) Young et al.]侵染所致。病原菌在种子上或随病残体在土壤中越冬，是翌年初侵染源。种子上的病菌可在种皮或种子内部存活1～2年，种子带菌率较高(3%左右)。带菌的种子发芽时，病菌侵入子叶，引起发病；在病残体上的病菌借助灌溉水、雨水溅到植株近地面的组织上引起发病；病菌在细胞间繁殖，借助雨水反溅、棚顶水珠下落、昆虫等传播蔓延，从植株的自然孔口和伤口处侵入，经7～10天潜育后出现病斑。高湿条件下病部产生菌脓，菌脓也是再侵染源。

果实染病，果面产生水渍状圆形小病斑

病菌喜温暖潮湿的环境，适宜发病的温度范围为10～30℃，最适宜发病的气候条件为温度24～28℃，相对湿度70%以上。在雨季极易造成流行，露地栽培比保护地栽培发病重。甜瓜最易感病生育期是开花、座果期至采收盛期。浙江及长江中下游地区甜瓜细菌性角斑病的发病盛期在4～6月和9～11月。

防治要点

参照“西瓜细菌性角斑病”。

甜瓜病毒病

甜瓜病毒病又叫花叶病、小叶病，是我国各甜瓜产区普遍发生的一种病害，其寄主广泛，对产量和品质影响大。

为害症状

甜瓜病毒病的症状，常因甜瓜品种、生育期以及毒源种类的不同而有很大差异。常见的症状有3种：①黄化型。由黄瓜花叶病毒侵染引起。在顶部幼嫩叶片的叶脉旁呈现小块褪绿斑，以后扩大变黄。叶片变小，叶缘

甜瓜病毒病黄化症状

甜瓜病毒病花叶症状

反卷。发病严重时，除新叶外，老叶也发黄、硬化。若早期发病，植株矮小。花器畸形，坐瓜率极低。果实变小，果皮上出现花叶状斑纹。网纹品种果实网纹不均匀。有时腋芽萌发，抽出许多枝条，使植株成为丛生状。②花叶型。受害叶片开始表现明脉，以后叶脉间失绿变黄，但主脉与支脉两旁的叶肉组

甜瓜病毒病复合症状

甜瓜病毒病花叶症状

甜瓜病毒病复合症状

织始终保持深绿色，沿叶脉形成浅绿色的条斑状。病株生长缓慢，有时发生顶端坏死。另一种花叶型表现为在甜瓜叶片上产生不规则形锈色坏死斑，以后叶脉褪绿并逐渐呈锈色坏死。③复合型。由多种不同毒源同时复合侵染引起，其中以西瓜花叶病毒与黄瓜花叶病毒复合侵染较为多见。病株表现为矮化皱缩，叶片黄化、花叶而且畸形，病情严重时导致植株死亡。

甜瓜花叶病毒病（产生锈色坏死斑）

发生特点

为害甜瓜的病毒种类很多，在我国较常见的有以下几种：黄瓜花叶病毒（CMV）、西瓜花叶病毒（WMV）、甜瓜花叶病毒（MMV）、南瓜花叶病毒（SqMV）和哈密瓜坏死病毒（HmNV）。甜瓜病毒病的发生与气候、品种抗性、栽培条件和蚜虫的发生为害程度有密切关系。温度高、日照强、干旱条件下，有利于蚜虫的繁殖和迁飞传毒，易引起病毒病的流行。适宜发病的温度范围为15～35℃，侵染适温为20～25℃，在36℃以上一般不表现症状。瓜株生长不同时期抗病力不同，苗期到开花期为敏感生育期，授粉到坐瓜期抗病能力增强，坐瓜后抗病毒能力更强。故早期感病的植株受害重，如开花前感病的，可能不结瓜或结畸形瓜，而后期感病的多在新梢上出现花叶，不影响坐瓜。不同品种抗病性有差异，一般以当地良种耐病性较强，可结合产量、品质和经济效益的要求，因地制宜地选用。栽培条件中主要有管理方式、周围环境等，管理粗放，邻近温室、大棚等菜地或瓜田混作的发病均较重，缺水、缺肥、杂草丛生的瓜田发病也重。

防治要点

①选择园地。要与菜地、温室、大棚等保持较远距离，减少蚜虫传毒机会。②选用抗病或耐病品种。薄皮甜瓜比厚皮甜瓜抗病力强。③选用无病种子。为防止种子传毒，预防甜瓜花叶病毒和哈密瓜坏死病毒，要在购种时采购不带病毒的种子。有条件的可选择在无病区繁殖种子，确保瓜种不带病毒。④种子处理。用55℃温水浸种40分钟或60～62℃温水浸种10分钟，再用冷水浸10～24小时后催芽、播种。也可用10%磷酸三钠溶液浸种20分钟，使种子表面携带的病毒失去活性。技术水平较高的地方，可采用干热消毒种子，在40℃条件下处理24小时后，再进行68℃干热恒温处理5天。处理后的种子，要做发芽试验，发芽力未受影响时再用于播种。⑤黄板诱蚜。在瓜田间设置黄色粘板，诱杀进入瓜田的蚜虫，减少传毒机会。⑥药剂防治。参照“西瓜病毒病”。

瓜绢螟

学名 *Diaphania indica*（Saunders）

别名 瓜螟、瓜野螟

瓜绢螟属鳞翅目螟蛾科，是西瓜、甜瓜及黄瓜、冬瓜、苦瓜、丝瓜等瓜果类蔬菜的重要害虫。

形态特征

成虫 体长约11毫米，翅展约25毫米。头胸黑色，腹部白色，第一、

瓜绢螟成虫

瓜绢螟低龄幼虫多在叶片背面取食叶肉

第七、第八节黑色，末端有黄褐色毛丛。前翅、后翅均为白色半透明，略带紫光。前翅前缘和外缘、后翅外缘有黑色宽带。

卵 扁平，椭圆形，淡黄色，表面有网纹。

幼虫 初龄幼虫虫体透明，渐呈绿色至黄绿色。2龄始，体背面上出现白色纵带（亚背线）。老熟幼虫体长23～26毫米，头部、前胸背板淡褐色，胸腹部草绿色，亚背线呈2条明显的乳白色宽纵带，气门黑色。

瓜绢螟高龄幼虫为害西瓜叶片

蛹 长约14毫米，深褐色，头部光整尖瘦，翅端达第六腹节，外被白色薄茧。

瓜绢螟蛹

发生特点

瓜绢螟在浙江及长江中下游地区年发生5～6代，其中第三、第四代为害最重，世代重叠。多以老熟幼虫和蛹在枯叶或表土中越冬。成虫趋光性弱，昼伏夜出。产卵前期2～3天，平均每头雌蛾可产卵300～400粒，卵多产于叶片背面，以散产为主，也有几粒在一起。初孵幼虫在嫩叶正、反两面取食，残留表皮成网斑。3龄后开始吐丝缀合叶片、嫩梢，在虫苞内取食，严重时仅剩叶脉。幼虫还常蛀入瓜内，影响产量和质量。幼虫活泼，受惊后吐丝下垂，转移他处为害。老熟幼虫在卷叶内或表土中作茧化蛹。

最适宜幼虫发育的温度为26～30℃，相对湿度为80%～90%，卵历期2～4天，幼虫历期7～10天，蛹历期6～8天，成虫寿命10天左右。浙江常年越冬代成虫在5月中旬至6月上旬灯下始见，为害高峰期在8～10月，年份间为害程度极不平衡。

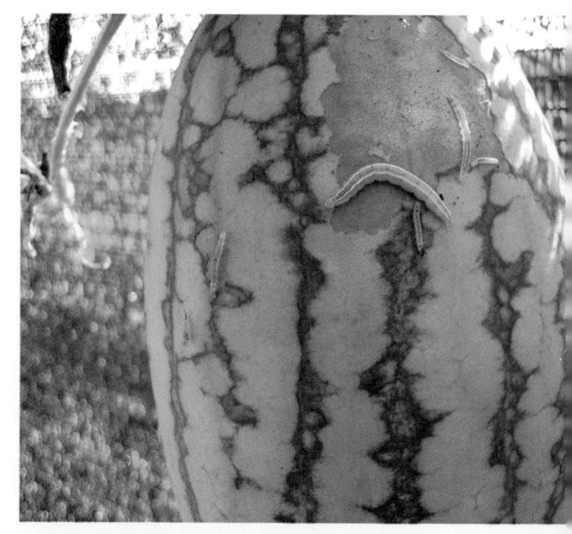
瓜绢螟为害西瓜

防治要点

①农业防治。及时清理田间枯藤落叶，消灭虫蛹；在幼虫发生初期，摘除卷叶，捏杀幼虫和蛹。②药剂防治。在卵孵高峰期至低龄幼虫始盛期（未卷叶前），选用10%倍内威（溴氰虫酰胺）可分散油悬浮剂1500倍液，或5%普尊（氯虫苯甲酰胺）悬浮剂1000倍液，或60克/升艾绿士（乙基多杀菌素）悬浮剂2000倍液，或50克/升美除（虱螨脲）乳油2000倍液，或240克/升帕力特（虫螨腈）悬浮剂1500倍液，或150克/升凯恩（茚虫威）乳油1000倍液等喷雾防治，注意交替用药。

瓜绢螟为害甜瓜

美洲斑潜蝇

学名 *Liriomyza sativae*（Blanchard）

别名 蔬菜斑潜蝇、蛇形斑潜蝇、甘蓝斑潜蝇等

美洲斑潜蝇属双翅目潜蝇科，可为害甜瓜、西瓜、黄瓜、冬瓜、丝瓜、番茄、茄子、辣椒、豇豆、蚕豆、大豆、菜豆、芹菜、西葫芦、蓖麻、大白菜、棉花、油菜、烟草等多种植物。

形态特征

成虫 体长1.3～2.3毫米，浅灰黑色。胸背板亮黑色，体腹面黄色，雌虫体比雄虫体大。

卵 米色，半透明，大小（0.2～0.3）毫米×（0.1～0.15）毫米。

幼虫 蛆状。初孵时体色透明，后变为浅橙黄色至橙黄色，长3毫米。后气门突呈圆锥状突起，顶端三分叉，各具一开口。

美洲斑潜蝇幼虫为害瓜苗子叶

蛹 椭圆形，橙黄色，腹面稍扁平，大小(1.7～2.3)毫米×(0.5～0.75)毫米。

美洲斑潜蝇蛹

发生特点

美洲斑潜蝇在浙江绝大多数地区可周年发生，年发生14～16代，无越冬现象。雌成虫在飞翔中以产卵器刺伤叶片，吸食汁液；雄成虫虽不刺伤叶片，但也在伤孔取食。雌成虫把卵产于部分伤孔的表皮下，卵经2～5天孵化。幼虫潜入叶片或叶柄为害，产生不规则的蛇形白色虫道，破坏叶绿素，影响光合作用，严重时导致叶片早衰、脱落或毁苗。据报道，受害田

美洲斑潜蝇的蛇形白色虫道

美洲斑潜蝇幼虫田间为害状

块叶蛆率为30%～100%时，减产达30%～40%。幼虫期4～7天，末龄幼虫咬破叶表皮后在叶片表面或土表下化蛹，蛹经7～14天羽化为成虫。美洲斑潜蝇世代短，繁殖能力强，每世代夏季2～4周，冬季6～8周。

防治要点

①农业防治。考虑蔬菜布局，把斑潜蝇嗜好的瓜类、茄果类、豆类与其他作物进行套种或轮作；适当稀植，增加田间通透性；收获后及时清洁田园，将作物残体集中销毁。②黄板诱杀成虫。从成虫始盛期开始，每亩设置30个诱杀点，每个点放置1张黄板，诱捕成虫，控制为害。悬挂黄板底边约高于作物冠层10厘米，保护地栽培中黄板平面与棚室通风口相垂直，露地栽培中黄板平面与主风向相垂直。③药剂防治。掌握在幼虫2龄前（虫道约0.5厘米），于上午8：00～11：00露水干后、幼虫开始到叶面活动时喷药防治。药剂可选用10%倍内威（溴氰虫酰胺）可分散油悬浮剂1500倍液，或75%灭蝇胺可湿性粉剂5000倍液，或60克/升艾绿士（乙基多杀菌素）悬浮剂1500倍液等，注意交替用药。此外，掌握在成虫羽化高峰（8：00～12：00），选用1.5%安绿丰（精高效氯氟氰菊酯）微囊悬浮剂1500倍液等喷雾防治。

专家提醒

美洲斑潜蝇在表层土壤中羽化，羽化时需必要的湿度，采取全园地膜覆盖，可有效阻截蛹落入表层土壤中，从而大大降低羽化率，减轻害虫为害。

烟粉虱

学名 *Bemisia tabaci*（Gennadius）

别名 棉粉虱、甘薯粉虱

烟粉虱属同翅目粉虱科小粉虱属，是一个复合种，有20多种生物型。烟粉虱在国内分布已很普遍，全国各主要省份均有发生。烟粉虱寄主范围相当广泛，寄主植物超过500种。

形态特征

成虫 雌虫体长约0.91毫米，翅展约2.13毫米；雄虫体长约0.85毫米，翅展约1.81毫米。体淡黄白色到白色，双翅白色无斑点，翅面具白色细小蜡粉。前翅脉1条，不分叉，左右翅合拢呈屋脊状，从上往下可隐约看到腹部背面。

卵 椭圆形，长×宽约为0.21毫米×0.096毫米，具光泽；有小柄，长梨形，与叶面垂直。卵柄通过产卵器插入叶表裂缝。卵柄除有附着作用外，在受精时充满原生质，还有导入精子的作

烟粉虱成虫（显微摄影200倍）

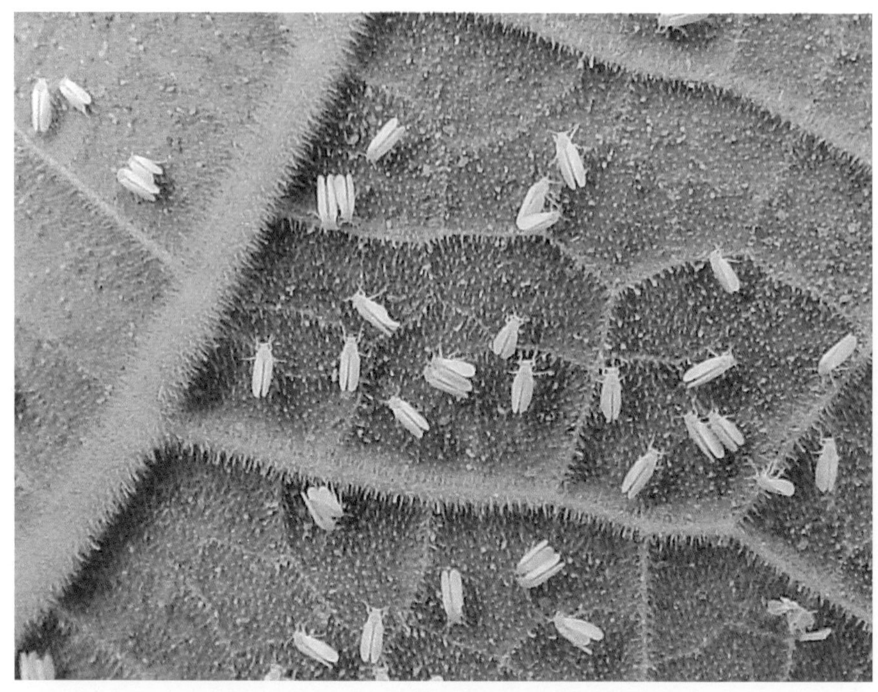

烟粉虱成虫常成双成对群集叶背，雌虫体略大于雄虫

用。卵不规则散产在叶片背面，初产时淡黄绿色，孵化前颜色加深，为深褐色。

若虫 若虫期变化复杂，除1龄若虫能自由活动外，以后足退化，固定在原位直到成虫羽化。1龄若虫椭圆形，长×宽约为0.27毫米×0.14毫米，有3对发达的各有4节的足和1对3节的触角，体腹部平，背部微隆起，淡绿色至黄色，腹部透过表皮可

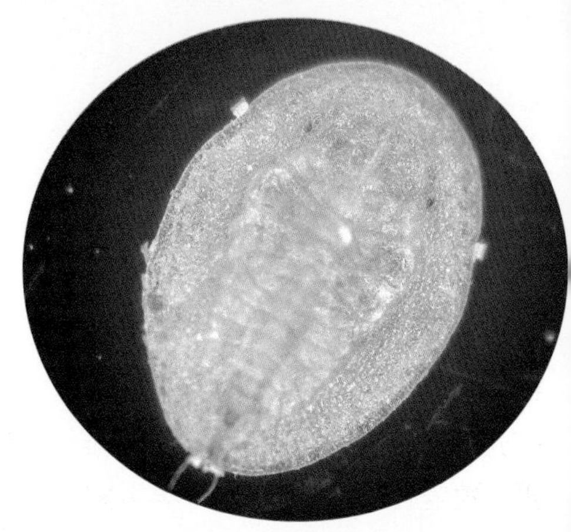

烟粉虱若虫(显微摄影200倍)

见2个黄点。大多2～3天蜕皮进入2龄。在2、3龄时，足和触角退化至仅剩1节，在体缘分泌蜡质，蜡质有帮其附着在叶上的作用。体椭圆形，腹部平，背部微隆起，淡绿色至黄色，2、3龄体长分别约为0.36毫米和0.50毫米。

烟粉虱若虫在叶背群集为害

伪蛹 即4龄（末龄）若虫，形态特征变化多样。蛹壳黄色，长0.6～0.9毫米，有2根尾刚毛，背面有1～7对粗壮的刚毛或无毛。管状孔三角形，长大于宽，孔后端有小瘤状突起，孔内缘具不规则齿。盖瓣半圆形，覆盖孔口约1/2。舌状器明显伸出盖瓣之外，呈长匙形，末端具2根刚毛。腹沟清楚，由管状孔后通向腹末，其宽度前后相近。

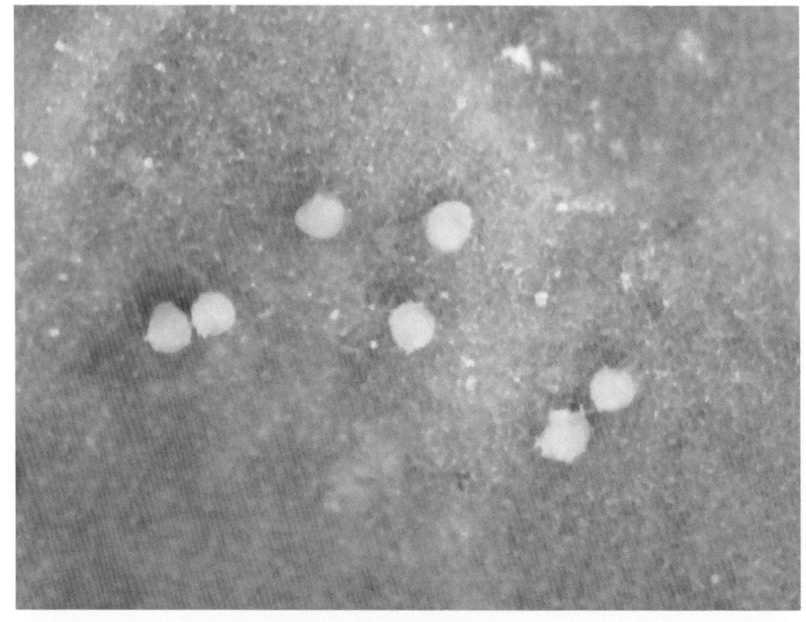

烟粉虱卵（显微摄影100倍）

烟粉虱分泌蜜露诱发甜瓜煤污病

发生特点

烟粉虱成虫群集叶背为害

烟粉虱主要在热带、亚热带及相邻的温带地区发生。在适宜的气候条件下，1年发生11～15代，世代重叠。在保护地栽培中各种虫态均可越冬，在自然条件下一般以卵或成虫在杂草上越冬。夏天，成虫羽化后1～8小时内交配。秋天、春天羽化后3天内交配。成虫可在植株内或植株间作短距离扩散，大范围的苗木、种子调运使其长距离传播，还可借助风力或气流作长距离迁移。暴风雨能抑制其大发生，高温干旱季节发生重。

成虫喜欢无风温暖天气，有趋黄性，气温低于12℃停止发育，14.5℃开始产卵，其生长发育的适宜温度为21～33℃，高于40℃时成虫死亡；相对湿度低于60%时成虫停止产卵或死去。由于该虫繁殖力强，种群数量庞大，几乎每月出现一次种群高峰，每代15～40天。成虫寿命10～24天，产卵期2～18天。每头雌虫平均产卵66～300粒，产卵量依温度、寄主植物和地理种群不同而异。卵多不规则散产于植株中部嫩叶叶背面（少见叶正面），夏季卵期3天，冬季33天。若虫3龄，龄期9～84天，伪蛹2～8天。

烟粉虱主要以3种方式为害作物：①取食植物汁液，引起植物生理异常。②分泌大量蜜源，严重污染叶片和果实，引起煤污病，从而影响蔬菜的商品性。③传播双生病毒等多种植物病毒，常导致植物病毒病大流行，使作物严重减产甚至绝收。

烟粉虱分泌蜜露诱发西瓜煤污病

防治要点

①农业防治。育苗前清除杂草和残留株，彻底杀死残留虫源，培育无虫苗；避免黄瓜、番茄、豆类混栽或换茬，与十字花科蔬菜进行换茬，以减轻发生；田间作业时，结合整枝打杈，摘除植株下部枯黄老叶，以减少虫源。在保护地栽培秋冬茬种植烟粉虱不喜好的半耐性叶菜，如芹菜、生菜、韭菜等，从越冬环节切断其自然生活史。②黄板诱杀成虫。参照“美洲斑潜蝇”。③药剂防治。烟粉虱世代重叠严重，繁殖速度快，须在烟粉虱发生早期施药（1～2龄若虫始盛期），药剂可选用22%特福力（氟啶虫胺腈）悬浮剂1500倍液，或10%倍内威（溴氰虫酰胺）可分散油悬浮剂1500倍液，或10%隆施（氟啶虫酰胺）水分散粒剂1500倍液等喷雾防治，注意交替用药，以延缓抗药性的产生。

瓜蚜

学名 *Aphis gossypii* Glover

别名 棉蚜

瓜蚜属同翅目蚜科，主要为害西瓜、黄瓜、南瓜、西葫芦、葫芦、豆类、茄子、菠菜、葱、洋葱以及棉花、烟草、甜菜等作物。

形态特征

无翅胎生雌蚜 体长1.2～1.9毫米，夏季黄绿色，春、秋季深绿色。腹管黑色或青色，圆筒形，基部稍宽。尾片黑色，两侧各具毛3根。

有翅胎生雌蚜 体长1.2～1.9毫米，黄色、浅绿色或深绿色。前胸背板及胸部黑色。腹部背面有2～3对黑斑，有透明斑1对。腹管、尾片同"无翅胎生雌蚜"。

卵 圆形，初产时橙黄色，后多为暗绿色，有光泽。

无翅胎生雌蚜（显微摄影）

若蚜 共4龄。末龄

无翅胎生雌蚜（体深绿色）

无翅胎生雌蚜（体淡黄色）

若蚜体长1.6毫米左右。无翅若蚜夏季体黄色或黄绿色，春、秋季为蓝灰色，复眼红色。有翅若蚜在第三龄后可见翅蚜2对，翅蚜后半部为灰黄色，夏季淡黄色，春、秋季为灰黄色。

发生特点

浙江及长江中下游地区瓜蚜年发生20～30代，以卵在花椒、木槿、石榴、木芙蓉、鼠李等枝条和夏枯草的基部越冬，也能以成蚜和若蚜在保护地中越冬。翌年春季，当5日平均气温达6℃以上时越冬卵开始孵化，在越冬寄主上繁殖2～3代后，于4月底产生有翅蚜迁飞到露地蔬菜上繁殖为

蚜虫分泌蜜露诱发田间煤污病

害。瓜蚜的最适繁殖温度为16～22℃，每头雌虫可产若蚜60多头。春、秋季10余天完成1代，夏季4～5天1代。成虫和若虫在叶片背面和嫩茎、嫩梢上吸食汁液，密度大时产生有翅蚜迁飞扩散。瓜苗嫩叶和生长点被害后，叶片卷缩，瓜苗生长缓慢萎蔫，甚至枯死。老叶受害，提前枯落，结瓜期缩短，造成减产。高温高湿条件和受雨水冲刷时，不利于瓜蚜生长发育，为害程度减轻。当相对湿度超过75%时，瓜蚜的发育和繁殖受抑制。干旱少雨年份发生重。瓜蚜还是瓜类蔬菜病毒病的重要传播媒介，有时其传毒所带来的为害要远远超过其本身所造成的为害。

防治要点

①破坏菜田周围蚜虫越冬场所，杀灭木槿、石榴等植物上的瓜蚜越冬卵。保护地栽培中发现冬季有越冬蚜时，应及时防治。②防虫网覆盖育苗。③利用黄板诱蚜或银灰色膜避蚜，以减轻为害。④药剂防治。在瓜蚜点片发生期选用22%特福力（氟啶虫胺腈）悬浮剂1500倍液，或10%倍内威（溴氰虫酰胺）可分散油悬浮剂1500倍液，或10%隆施（氟啶虫酰胺）水分散粒剂1500倍液，或22%阿立卡（噻虫·高氯氟）微囊悬浮－悬浮剂6000倍液，或1.5%安绿丰（精高效氯氟氰菊酯）微囊悬浮剂1500倍液，或20%呋虫胺可溶粒剂3000倍液等喷雾防治，重点喷施植株嫩叶嫩心、花序、花蕾和叶片背面。

蓟　马

蓟马是一种锉吸式口器的小型昆虫，属缨翅目蓟马科。据报道，国内为害果蔬的蓟马多达40余种，其中有8～10种可造成不同程度的为害。目前为害西瓜的以棕榈蓟马（*Thrips palmi* Karny）和花蓟马［*Frankliniella intonsa*（Trybom）］为主，寄主作物十分广泛，能为害瓜类、茄果类、豆类和十字花科等多种果蔬作物。蓟马一般体长1～2毫米，细长而略扁；体色为深浅不同的黄色、棕色至黑色。前后翅均狭长，边缘密生缨毛。蓟马属过渐变态昆虫，生长发育经历卵、若虫、预蛹、蛹和成虫5个阶段。现以棕榈蓟马为例介绍如下：

形态特征

成虫　雌虫体长1.0～1.1毫米，雄虫0.8～0.9毫米，体色金黄色。头部近方形，触角7节，单眼3只，红色，呈三角形排列，单眼间鬃位于单眼连线的外缘。翅2对，翅周围有细长的缘毛，前翅上脉鬃10根，下脉鬃11根。腹部偏长。

卵　长约0.2毫米，长椭圆形，位于幼嫩组织内，可见白色针点状产卵痕；初产时卵白色、透明；卵孵化后，产卵痕为黄褐色。

若虫　初孵若虫极微细，体白色，复眼红色。1、2龄若虫淡黄色，无翅芽，无单眼，有1对红色复眼，爬行迅速。

预蛹　体淡黄白色，无单眼，长出翅芽，长度到达3、4腹节，触角向前伸展。

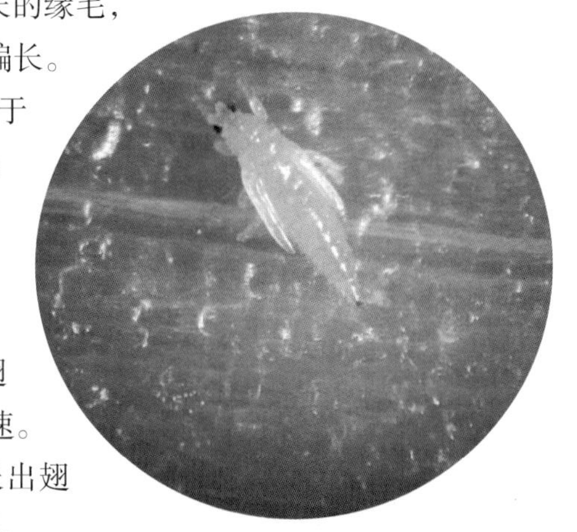

蓟马蛹（显微摄影）

蛹 体黄色，单眼3个，翅芽较长，伸达腹部的3/5，触角沿身体身后伸展，不取食。

发生特点

浙江及长江中下游地区棕榈蓟马年发生10～12代，世代重叠严重。多以成虫在茄科、豆科等作物中或在土缝下、枯枝落叶及杂草中越冬，少数以若虫越冬。棕榈蓟马成虫具有较强的趋蓝性、趋嫩性和迁飞性，爬行敏捷、善跳、怕光。平均每头雌虫可产卵50粒，卵多散产于生长点及幼瓜的茸毛内。可营两性生殖和孤雌生殖。初孵若虫群集为害，1～2龄多在植株幼嫩部位取食和活动，预蛹自落地入土发育为成虫。棕榈蓟马若虫最适宜发育温度为25～30℃，土壤相对湿度20%左右。卵历期5～6天，若虫期9～12天。棕榈蓟马主要以成虫和若虫锉吸植株心叶、嫩梢、嫩芽、花和

蓟马群集为害西瓜花朵

幼果的汁液，造成被害植株嫩叶、嫩梢变硬缩小，生长缓慢，节间缩短；幼果受害后表面产生黄褐色斑纹或锈皮，毛茸变黑，甚至畸形或造成落瓜。浙江及长江中下游地区常年越冬代成虫在5月上中旬始见，6～7月数量上升，8～9月是为害高峰期，在夏秋高温季节发生严重。

蓟马为害造成西瓜果实表面呈锈皮状

防治要点

①农业防治。秋、冬季清洁菜园，消灭越冬虫源。加强肥水管理，使植株生长健壮，可减轻发生为害。采用营养钵育苗、地膜覆盖栽培等。②蓝板诱杀。在成虫盛发期内，在田间设置蓝板，每亩设置蓝板25～30块，有效诱杀成虫。③药剂防治。当每株虫口达3～5头时，立即防治。药剂可选用60克/升艾绿士（乙基多杀菌素）悬浮剂1500倍液，或10%倍内威（溴氰虫酰胺）可分散油悬浮剂1500倍液，或22%特福力（氟啶虫胺腈）悬浮剂1500倍液，或10%隆施（氟啶虫酰胺）水分散粒剂1500倍液等喷雾防治。

专家提醒

棕榈蓟马具有繁殖速度快、易成灾的特点，应注意在发生早期施药，尽早控制。开始时，每隔5天喷药1次，连续2次，以压低虫口数量；以后视虫情每隔7～10天喷药1次，连续防治2～3次。

斜纹夜蛾

学名 *Spodoptera litura*（Fabricius）

别名 斜纹夜盗蛾、花虫

斜纹夜蛾属鳞翅目夜蛾科，是一种间隙性暴发的暴食性害虫，食性极杂，寄生范围极广，寄主植物多达109个科389种，全国各地均有分布，是我国农业生产上的主要害虫之一，多次造成灾害性为害。

形态特征

成虫 体长14～20毫米，翅展30～40毫米，深褐色。前翅灰褐色，从前缘基部斜向后方臀角有1条白色宽斜纹带，其间有两条纵纹，雄蛾的白色斜纹不及雌蛾明显。后翅灰白色，无斑纹。

卵 馒头状，块产成3～4层的卵块，表面覆盖有棕黄色的疏松绒毛。

幼虫 共6龄，体色多变，从中胸到第八腹节上有近似三角形的黑斑各1对，其中第一、第七、第

斜纹夜蛾高龄幼虫

斜纹夜蛾低龄幼虫聚集为害西瓜叶片

八腹节上的黑斑最大。老熟幼虫体长35～47毫米。

蛹 体长15～20毫米，圆筒形，末端细小，赤褐色至暗褐色，腹部背面第四至第七节近前缘处各密布圆形小刻点，有1对强大的臀刺。

发生特点

斜纹夜蛾从华北到华南年发生4～9代不等，华南及台湾等地可终年为害，长江流域发生5～6代，世代重叠。常年浙江第一代6月中下旬至7月中下旬，全代历期25～35天；第二代7月中下旬至8月上中旬，全代历期24～28天；第三代8月上中旬至9月上中旬，全代历期27～30天；第四代

9月上中旬至10月中下旬，全代历期30～35天；第五代10月中下旬至11月下旬、12月上旬，全代历期45天以上。

斜纹夜蛾幼虫为害西瓜叶片

成虫昼伏夜出，飞翔能力强，白天躲藏在植株茂密的叶丛中，黄昏时飞回开花植物，并对光、糖醋液及发酵物质有趋性，寿命5～15天。产卵前需取食蜜源补充营养，平均每头雌蛾产卵3～5块，有400～700粒。卵多产于植株中下部叶片背面，多数多层排列，卵块上覆盖棕黄色绒毛。初孵幼虫在卵块附近昼夜取食叶肉，留下叶片的表皮，将叶片取食成不规则的透明白斑，遇惊扰后四处爬散或吐丝下坠或假死落地。2～3龄开始分散转移为害，也仅取食叶肉。4龄后昼伏夜出，晴天在植株周围的阴暗处或土缝里潜伏，在阴雨天气的白天也有少量个体出来取食，多数仍在傍晚后出来为害，黎明前又躲回阴暗处，有假死性及自相残杀现象；并食量骤增，取食叶片的为害状呈小孔或缺刻，严重时可吃光叶片，并为害幼嫩茎秆或取食植株生长点，还可钻食甘蓝、大白菜等菜球以及茄子等多种作物的花和果实，造成烂菜、落花、落果、烂果等。为害后造成的伤口和污染，使植株易感染软腐病。在田间虫口密度过高时，幼虫有成群迁移习性。幼虫老熟后，入土1～3厘米，做土室化蛹。

斜纹夜蛾属喜温性害虫，抗寒力弱，发生为害最适气候条件为温度28～32℃，相对湿度75%～85%，土壤含水量20%～30%，长江流域盛发期为7～9月。

防治要点

①清除杂草，结合田间作业摘除卵块及幼虫扩散为害前的被害叶。②采用性诱剂诱杀雄蛾，以干扰雌蛾交配活动，压低虫口基数。③药剂防治。根据幼虫为害习性，防治适期应掌握在卵孵高峰至低龄幼虫分散前，选择在傍晚太阳下山后施药，用足药液量，均匀喷雾叶面及叶背。在卵孵高峰期选用50克/升抑太保（氟啶脲）乳油1000倍液等喷雾防治。在低龄幼虫始盛期选用240克/升雷通（甲氧虫酰肼）悬浮剂3000倍液，或22%艾法迪（氰氟虫腙）悬浮剂600～800倍液，或240克/升帕力特（虫螨腈）悬浮剂1500倍液，或50克/升美除（虱螨脲）乳油2000倍液，或10%倍内威（溴氰虫酰胺）可分散油悬浮剂1500倍液，或5%普尊（氯虫苯甲酰胺）悬浮剂1000倍液，或150克/升凯恩（茚虫威）乳油1000倍液等喷雾防治。

专家提醒

蚕桑生产区施药须谨慎，防止药液飘移。

甲氨基阿维菌素苯甲酸盐具有高光解性、无内吸性等特点，虽然速效性尚可，但持续效性差，并且对天敌杀伤力强，易造成害虫再猖獗。在生产上不提倡使用阿维菌素、甲氨基阿维菌素苯甲酸盐及其复配制剂。

采用性诱剂诱杀是当前生产上防控斜纹夜蛾的有效措施。在斜纹夜蛾成虫始盛期，保护地栽培每个棚室设置1个诱捕点、露地栽培每亩设置1个诱捕点，每个诱捕点安装1个专用干式诱捕器并装配斜纹夜蛾诱芯1枚，诱捕器的诱虫孔离地面1米时诱杀效果最佳。

黄足黄守瓜

学名 *Aulacophora femoralis chinensis* Weise

别名 瓜守、黄萤、黄虫等

黄足黄守瓜属鞘翅目叶甲科，成虫喜食嫩叶，常以身体为半径旋转绕圈咬食成环形或半环形缺刻，咬食嫩茎造成死苗，还为害花及幼瓜。幼虫在土中咬食根茎，常使瓜苗萎蔫死亡，也可蛀食贴地生长的瓜果。

形态特征

成虫 体长约9毫米，长椭圆形。体色橙黄、橙红或带棕色，有光泽，

黄足黄守瓜成虫

仅中胸、后胸及腹部腹面为黑色。前胸背板有一波浪形凹沟。

卵　近椭圆形，长约1毫米，黄色，表面有多角形网纹。

幼虫　共3龄，长圆筒形，老熟幼虫体长约12毫米，头黄褐色，体黄白色，尾端臀板腹面有肉质突起。

蛹　长9毫米，裸蛹，近纺锤形，黄白色，头顶、腹部、尾端有粗短的刺。

发生特点

黄足黄守瓜喜温好湿，成虫耐热性强、抗寒力差，南方地区发生较重。在浙江及长江中下游地区年发生1～2代，华南地区2～3代，以成虫在避风向阳的杂草、落叶及土壤缝隙间潜伏越冬。翌春当土温达10℃时，开始出来活动，在杂草及其他作物上取食，再迁移到瓜地为害瓜苗。在年发生1代的区域，越冬成虫5～8月产卵，6～8月是幼虫为害高峰期，8月成虫羽化后为害秋季瓜菜，10～11月逐渐进入越冬场所。成虫喜好在湿润表土中产卵，卵散产或堆产，每头雌成虫可产卵4～7次，每次约30粒，卵期10～25天。幼虫孵化后随即潜入土中为害植株细根，3龄以后为害主根。幼虫期19～38天，蛹期12～22天，老熟幼虫在根际附近筑土室化蛹。成虫行动活泼，遇惊即飞，有假死性，但不易捕捉。

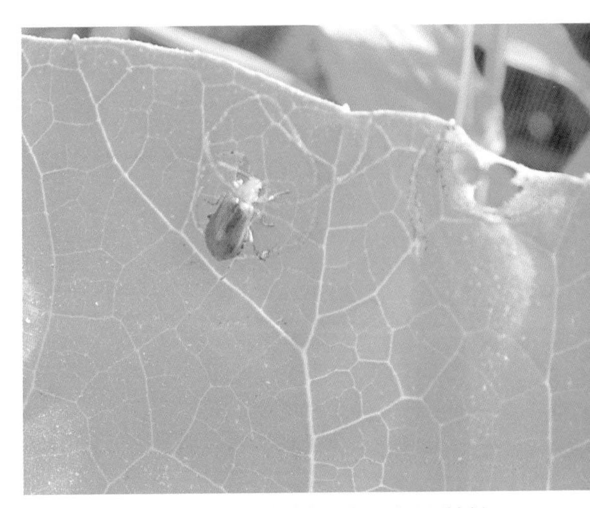
黄足黄守瓜在甜瓜叶片上取食，成环形缺刻

防治要点

①适当间作或套种。瓜果类蔬菜与十字花科蔬菜及莴苣、芹菜等绿叶

守瓜在西瓜叶片的环形为害状

蔬菜间作或套种，也可苗期适当种植一些高秆作物。②阻隔成虫产卵。采用全田地膜覆盖栽培，在瓜苗茎基周围地面撒布草木灰、麦芒、麦秆、木屑等，以阻止成虫在瓜苗根部产卵。③药剂防治。在幼苗初见萎蔫时，每亩用1%家保福（联苯·噻虫胺）颗粒剂5千克或0.5%根卫（噻虫胺）颗粒剂5千克等拌细土撒施或穴施，也可选用48%噻虫胺悬浮剂250倍液等灌根。防治成虫选用1.5%安绿丰（精高效氯氟氰菊酯）微囊悬浮剂1500倍液，或22%阿立卡（噻虫·高氯氟）微囊悬浮-悬浮剂6000倍液，或14%福奇（氯虫·高氯氟）微囊悬浮-悬浮剂2000～2500倍液，或300克/升度锐（氯虫·噻虫嗪）悬浮剂2000倍液，或181克/升富锐（zeta-氯氰菊酯）乳油2000倍液，或50克/升百事达（顺式氯氰菊酯）乳油2000倍液等，连同周围杂草一并喷雾防治。

专家提醒

守瓜对瓜类幼苗的为害比成株要大得多，因此瓜类幼苗期是守瓜的重点防治时期。由于瓜果类蔬菜苗期抗药力弱，对不少药剂比较敏感，易产生药害，应注意慎重选用对口药剂，并严格掌握施药浓度。

朱砂叶螨

学名 *Tetranychus cinnabarinus*（Boisduval）

别名 红蜘蛛、红叶螨

朱砂叶螨属蛛形纲真螨目叶螨科，是保护地瓜果蔬菜的重要害虫，在全国各地分布广泛。食性杂，寄主有100多种植物。以成螨、若螨在叶背刺吸植物汁液，发生量大时叶片灰白，生长停顿，并在植株上结成丝网。严重发生时可导致叶片枯焦脱落，如火烧状。

红蜘蛛群集在西瓜叶片背面叶脉附近吸汁为害

形态特征

成螨 雌螨体长约0.48毫米，宽约0.31毫米，椭圆形，深红色至锈红色；体两侧背面各有1个黑褐色长斑，有时长斑合成前后2个；足4对，无爪，足和体背有长毛。雄螨体小，长约0.36毫米，宽约0.2毫米，体红色或橙红色，头胸

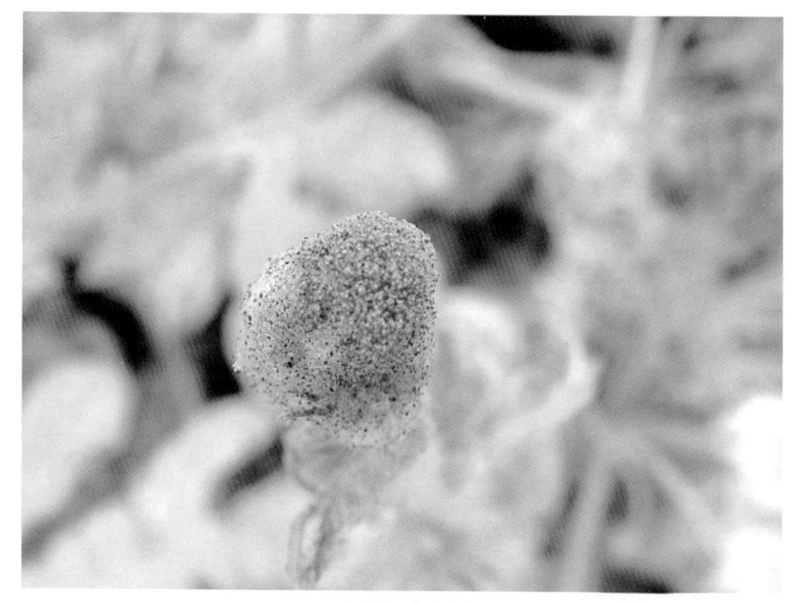

红蜘蛛在叶尖群集

部前端近圆形，腹部末端稍尖，阳具弯向背面，端部膨大，形成端锤。

卵 卵为圆球形，直径0.13毫米，有光泽，初产时无色透明，后渐转变为淡黄色和深黄色，最后呈微红色。

幼螨 初孵时近圆形，色泽透明，长约0.15毫米，足3对。取食后体色变暗绿色。

若螨 体长约0.21毫米，足4对。体形及体色似成螨，体侧出现明显的块状色斑，但个体较小。有前若螨期和后若螨期。

发生特点

年发生代数随地区和气候差异而不同，长江中下游地区年发生18～20代。保护地内瓜果蔬菜苗圃是朱砂叶螨的重要越冬场所，越冬虫态随地区不同而异，长江流域主要以雌成螨和卵在寄主作物枯枝落叶、杂草根部和土缝中越冬。

受害瓜叶发黄、老化

田间为害状

朱砂叶螨的发育起点温度为7.7～8.5℃，翌年春季气温上升到10℃以上，越冬雌成螨开始活动和繁衍。朱砂叶螨以两性生殖为主，也有孤雌生殖现象，产卵前期1天，每头雌虫可产卵50～110粒。卵多产在叶片背面，受精卵为雌虫，不受精卵为雄虫。卵的发育历期在24℃为3～4天，29℃为2～3天；幼若期在6～7月为5～6天。环境条件适宜时完成1代所需时间为7～9天。幼螨和前期若螨不甚活动。后期若螨则活泼贪食，有向上爬的习性。先为害下部叶片，而后向上蔓延。繁殖数量过多时，常在叶端群集成团，滚落地面，被风刮走，向四周爬行扩散。

朱砂叶螨的最适温度为25～30℃，最适相对湿度为35%～55%。因此，高温低湿的6～7月为害重，尤其干旱年份易于大发生。但温度达30℃以上和相对湿度超过70%时，不利其繁殖，暴雨有抑制作用。植株叶片越老，含氮越高，朱砂叶螨也随之增多，合理施用氮肥，能减轻为害；粗放管理或植株长势衰弱，为害加重。

防治要点

①清除田间枯枝落叶和杂草，并耕作、整理土地，以消灭越冬虫态。②利用天敌，如深刻点食螨瓢虫、七星瓢虫、异色瓢虫、食螨瘿蚊、小花蝽、中华草蛉等控制螨害。③加强虫情检查，控制在点片发生为害阶段，做好查、抹、摘、治工作。④药剂防治。可在成螨和若螨始盛期，选用20%金满枝（丁氟螨酯）悬浮剂2000倍液，或43%爱卡螨（联苯肼酯）悬浮剂3000倍液，或110克/升来福禄（乙螨唑）悬浮剂3000倍液，或240克/升螨危（螺螨酯）悬浮剂4000倍液等喷雾防治，重点喷洒植株上部的嫩叶背面、嫩茎、花器、生长点及幼果等部位，并注意交替用药。

附　录

一、西瓜嫁接技术要点

西瓜嫁接技术是当前生产上有效预防枯萎病等土传病害和解决重茬地连作障碍的重要措施，并具有增强植株对不良环境抵抗力和显著提高产量等优点。现将关键技术要点介绍如下：

1. 砧木品种选择

根据接穗品种类型和栽培季节选择适宜的砧木品种。早春栽培中果型西瓜宜采用“甬砧1号”等砧木品种，小果型西瓜栽培宜采用“甬砧5号”等砧木品种，长季节栽培则建议采用“神通力”“甬砧3号”等砧木品种。

2. 种子消毒与浸种

砧木种子可用干热处理法，或用10%磷酸三钠溶液浸泡20～30分钟消毒，后用清水洗净浸种，“甬砧1号”等葫芦砧木浸种24小时，南瓜砧木浸种4小时；接穗种子（西瓜种子，下同）在55℃温水中浸泡10～15分钟消毒，其间不断搅拌并维持水温，待水温降至30℃左右洗掉种子表面的黏液，再换上30℃温水浸种4～6小时。浸种期间清洗种子1～2次。

3. 播种

冬春茬保护地促早栽培12月至次年3月播种，冬春茬露地栽培在3～4月播种，夏秋茬5月至7月播种。先播砧木种子，后播接穗种子。砧木与接穗播种的间隔时间以砧木苗长出1叶1心时接穗苗子叶出壳展平或转绿色为标准，一般冬春茬间隔7～10天，夏秋茬间隔4～5天。当苗床温度较低时，需增加砧木与接穗播种的间隔时间，而当苗床温度较高时，则需要缩短间隔时间。

将浸种后的砧木种子捞出，搓洗干净，沥干水，置于28～30℃条件下催芽，待种子露白后，将露白的砧木种子直播在穴盘或营养钵中。接穗种子消毒浸种，在28～30℃条件下催芽，待种子露白后直播在育秧穴盘中。播前浇透底水，使育苗基质保持饱和至90%持水量，冬春于播前2天，夏秋于播前1天，间隔1小时连续浇透水2次即可。夏秋浇透水后，覆盖遮阳网，降低蒸腾量。

4. 砧苗和接穗苗培育

冬春砧木出苗期保持棚温25～30℃，顶苗后及时挑苗脱壳，喷施25%多效唑悬浮剂2500倍液调控下胚轴高度；如出苗后遇连续阴雨天气，3天后再用25%多效唑悬浮剂5000倍液进行调控。夏秋砧木出苗前用遮阳网覆盖降温保湿，出苗后及时脱壳，生长前期适当控水，调控下胚轴高度；嫁接前1天浇透水。

接穗种子出苗后，及时人工脱帽，用清水喷雾冲洗接穗苗，待干后，再喷施46%可杀得叁千（氢氧化铜）水分散粒剂800倍液进行防病。冬春季，嫁接前0.5～1小时，用1%萘乙酸水剂5000倍液＋5%苄氨基嘌呤10000倍液喷施。萘乙酸在气温高时略降低浓度。

5. 嫁接

在接穗苗子叶出壳后或转绿色即可嫁接，嫁接宜在棚内保温和遮阴条件下进行。西瓜嫁接通常采用顶插接法。嫁接所用的工具（刀片、竹签等）都应进行消毒，可采用蒸汽蒸煮或70%酒精或40%福尔马林100倍液等消毒。

嫁接时去掉砧木苗的生长点，然后用专用嫁接刀（用竹签或铁丝制作而成或直接购买）在砧木除去生长点的切口下斜戳1个深达对面皮层、深约1 厘米的孔，此时嫁接刀暂不拔出。取接穗，左手握住接穗的两片子叶，右手用刀片在子叶节下方0.3～0.5厘米处，由子叶端向根端削成楔形面，削面长约1厘米。左手拿砧木，右手取出嫁接刀，随手将削好的接穗插入砧木孔中，深达皮层（不能使接穗扭折受损），使两者紧密结合（避免插入砧木苗的幼茎空腔内），同时使砧木与接穗子叶呈“十”字形。嫁接时注意切口应保持清洁，防止病菌感染。

6. 嫁接苗管理

嫁接后1～3天是嫁接苗愈伤组织发生和存活的关键期，需严密覆盖遮阳网遮光。

冬春季苗床采用多层保温和电加温。白天温度控制在26～28℃，夜间24～25℃；苗床内的空气湿度达到饱和状态，嫁接后如接穗出现萎蔫，可喷同环境相同温度的清水增湿。遮阳网覆盖2～3天后，根据苗的存活情况，可在早晚揭去遮阳网，使嫁接苗接受散射光，以后逐渐增加见光的时间。嫁接4～5 天后，开始通风换气降温，白天温度控制在24～26℃，夜间21～23℃，早晚适当换气1～2次来降低湿度，而后逐步加大通风量与通风时间。嫁接7 天后，白天温度控制在23～24℃，夜间18～20℃，地温保持22～24℃。嫁接10 天后恢复到普通苗床管理。

夏季嫁接后苗床采用密封覆盖和多层遮阳覆盖，结合湿帘风机降温系统，控制棚内温度低于35℃，10：00～15：00每间隔1小时雾化喷雾1次补水保湿，保持饱和湿度；2天后去除内层保湿棚膜，逐渐减少遮阳覆盖层数，增大见光量；3～4天愈合后揭两头盖中间增大通风量。

7. 切除砧木萌芽

嫁接后要随时切除砧木萌发的不定芽，注意不要伤及子叶和接穗。切除砧木萌芽宜在晴天中午前后，叶片表面干燥时进行，切勿在阴雨天或叶片有“露水”时或傍晚进行。

8. 炼苗壮苗

早春定植前5 ～ 7天炼苗，增加通风量，降低温度，白天气温保持23 ～ 24℃，夜温降至13 ～ 15℃。选择晴暖天气，结合浇水施用0.2%～0.3%的水溶性三元复混（合）肥或喷施绿力海康800～1000倍液，促进秧苗健壮生长。

二、西瓜连作地土壤消毒技术要点

连作障碍是西瓜生产上的主要问题，特别在保护地栽培中尤为突出。科学可行的土壤消毒技术不仅可以有效降低土壤中枯萎病、蔓枯病、炭疽病等土传病原菌基数，减少病害发生，而且还可有效杀灭部分虫卵、杂草和改良土壤理化性状，能够显著提高产量和品质。具体技术要点如下：

1. 太阳能高温消毒

在夏季耕作休闲期，利用太阳能进行土壤高温消毒。高温季节利用太阳能进行土壤消毒时间越长效果越好。

材料准备：地膜或旧棚膜。

操作要点：在夏秋茬西瓜定植前1个月，清除前茬作物后，进行翻耕并灌水使土壤含水量达到70%以上。露地在翻耕灌水和整平的基础上，覆盖地膜或旧棚膜，用土压实地膜或旧棚膜四周，使土壤保持密闭状态，保护地可同时密闭棚室，高温处理20天以上，处理结束后再揭膜整地做畦。

注意事项：①高温消毒处理宜在6月中下旬至8月前茬作物收获后的高温季节进行。②生物菌肥不要在闷棚前施用，但可在闷棚后施用。

2. 太阳能＋石灰氮消毒

夏季，利用石灰氮分解中间产物和伏天高温及有机肥分解产生的能量进行土壤消毒。

材料准备：石灰氮、地膜或旧棚膜。

操作要点：在夏秋茬西瓜定植前30～40天，将前茬作物清理干净后，每亩均匀撒施腐熟有机肥2500千克加饼肥100千克、石灰氮25～50千克，立即深耕土壤20~30厘米，使其与土壤充分混合，做窄畦，用地膜或旧棚膜密闭覆盖土壤，然后灌水至畦面全部被淹没，密闭棚室20～30天，密闭期间，如水位下降需再灌入1～2次新水。揭膜后，土壤晾晒7天以上，再开沟做畦。

注意事项：①及时修补、更换破损的地膜、温室棚膜，防止升温效果不佳。②注意有机肥和石灰氮的科学使用比例，一般有机物重量与氮（N）量比为100:（1～1.5）。③露地也可利用此法进行有效防治。

3. 碳酸氢铵或生石灰消毒

在夏季，也可用碳酸氢铵或生石灰，结合翻耕灌水，用地膜或旧棚膜覆盖土壤进行消毒处理。

材料准备：碳酸氢铵或生石灰、地膜或旧棚膜。

操作要点：碳酸氢铵消毒，每亩均匀撒施碳酸氢铵30～50千克，翻耕土壤20～30厘米，灌水使土壤含水量达到70%以上，用地膜或旧棚膜密闭覆盖土壤，保护地可同时密闭棚室。一般7天后即可揭膜，土壤晾晒7天以上，再开沟做畦。

生石灰消毒，则在翻耕后灌水，淹水保持水层5厘米左右，在水面撒施生石灰50～100千克，然后用地膜或旧棚膜密闭覆盖土壤，密闭大棚。一般10天后即可揭膜排水，晒干后开沟做畦。

注意事项：①不能将生石灰与发酵腐熟好的粪肥混合使用。②若土壤的pH超过7.5，则不能用生石灰进行消毒。

三、西瓜中农药最大残留限量标准

农药名称	主要用途	最大残留限量/(毫升/千克)	农药名称	主要用途	最大残留限量/(毫升/千克)
阿维菌素	杀虫剂	0.02	氟虫腈	杀虫剂	0.02
艾氏剂	杀虫剂	0.05	甲胺磷	杀虫剂	0.05
百草枯	除草剂	0.02*	甲拌磷	杀虫剂	0.01
百菌清	杀菌剂	5	甲基对硫磷	杀虫剂	0.02
保棉磷	杀虫剂	0.2	甲基硫环磷	杀虫剂	0.03*
倍硫磷	杀虫剂	0.05	甲基硫菌灵	杀菌剂	2
苯醚甲环唑	杀菌剂	0.1	甲基异柳磷	杀虫剂	0.01*
苯霜灵	杀菌剂	0.1	甲氰菊酯	杀虫剂	5
苯酰菌胺	杀菌剂	2	甲霜灵和精甲霜灵	杀菌剂	0.2
苯线磷	杀虫剂	0.02	久效磷	杀虫剂	0.03
吡唑醚菌酯	杀菌剂	0.5	抗蚜威	杀虫剂	1
丙森锌	杀菌剂	1	克百威	杀虫剂	0.02
草甘膦	除草剂	0.1	联苯肼酯	杀螨剂	0.5
代森联	杀菌剂	1	磷胺	杀虫剂	0.05
代森锰锌	杀菌剂	1	硫丹	杀虫剂	0.05
代森锌	杀菌剂	1	硫环磷	杀虫剂	0.03
稻瘟灵	杀菌剂	0.1	六六六	杀虫剂	0.05
滴滴涕	杀虫剂	0.05	螺虫乙酯	杀虫剂	0.2*
狄氏剂	杀虫剂	0.02	氯吡脲	植物生长调节剂	0.1
敌百虫	杀虫剂	0.2	氯虫苯甲酰胺	杀虫剂	0.3*
敌敌畏	杀虫剂	0.2	氯丹	杀虫剂	0.02
敌螨普	杀菌剂	0.05*	氯氟氰菊酯和高效氯氟氰菊酯	杀虫剂	0.05
地虫硫磷	杀虫剂	0.01	氯菊酯	杀虫剂	2

续　表

农药名称	主要用途	最大残留限量/(毫升/千克)	农药名称	主要用途	最大残留限量/(毫升/千克)
啶虫脒	杀虫剂	2	氯氰菊酯和高效氯氰菊酯	杀虫剂	0.07
啶氧菌酯	杀菌剂	0.05	氯唑磷	杀虫剂	0.01
毒杀芬	杀虫剂	0.05*	咪鲜胺和咪鲜胺锰盐	杀菌剂	0.1
对硫磷	杀虫剂	0.01	嘧菌酯	杀菌剂	1
多菌灵	杀菌剂	2	灭多威	杀虫剂	0.2
多杀霉素	杀虫剂	0.2	灭线磷	杀线虫剂	0.02
噁霉灵	杀菌剂	0.5*	灭蚁灵	杀虫剂	0.01
七氯	杀虫剂	0.01	水胺硫磷	杀虫剂	0.05
嗪氨灵	杀菌剂	0.5	特丁硫磷	杀虫剂	0.01
氰霜唑	杀菌剂	0.5*	涕灭威	杀虫剂	0.02
氰戊菊酯和S-氰戊菊酯	杀虫剂	0.2	肟菌酯	杀菌剂	0.2
噻虫嗪	杀虫剂	0.2	五氯硝基苯	杀菌剂	0.02
噻螨酮	杀螨剂	0.05	烯酰吗啉	杀菌剂	0.5
噻唑磷	杀线虫剂	0.1	辛硫磷	杀虫剂	0.05
三唑醇	杀菌剂	0.2	氧乐果	杀虫剂	0.02
三唑酮	杀菌剂	0.2	乙酰甲胺磷	杀虫剂	0.5
杀虫脒	杀虫剂	0.01	异狄氏剂	杀虫剂	0.05
杀螟硫磷	杀虫剂	0.5*	蝇毒磷	杀虫剂	0.05
杀扑磷	杀虫剂	0.05	增效醚	增效剂	1
双胍三辛烷基苯磺酸盐	杀菌剂	0.2*	治螟磷	杀虫剂	0.01
双炔酰菌胺	杀菌剂	0.2*	仲丁灵	除草剂	0.1
霜霉威和霜霉威盐酸盐	杀菌剂	5	/	/	/

注：摘自《食品安全国家标准　食品中农药最大残留限量》(GB 2763—2016)，“*”表示该限量为临时限量。

四、甜瓜中农药最大残留限量标准

农药名称	主要用途	最大残留限量/(毫升/千克)	农药名称	主要用途	最大残留限量/(毫升/千克)
阿维菌素	杀虫剂	0.01	甲氰菊酯	杀虫剂	5
艾氏剂	杀虫剂	0.05	甲霜灵和精甲霜灵	杀菌剂	0.2
百草枯	除草剂	0.02*	腈苯唑	杀菌剂	0.2
百菌清	杀菌剂	5	久效磷	杀虫剂	0.03
保棉磷	杀虫剂	0.2	抗蚜威	杀虫剂	0.2
倍硫磷	杀虫剂	0.05	克百威	杀虫剂	0.02
苯霜灵	杀菌剂	0.3	克菌丹	杀菌剂	10
苯酰菌胺	杀菌剂	2	喹氧灵	杀菌剂	0.1*
苯线磷	杀虫剂	0.02	联苯肼酯	杀螨剂	0.5
吡唑醚菌酯	杀菌剂	0.5	磷胺	杀虫剂	0.05
草甘膦	除草剂	0.1	硫丹	杀虫剂	0.05
代森联	杀菌剂	0.5	硫环磷	杀虫剂	0.03
滴滴涕	杀虫剂	0.05	六六六	杀虫剂	0.05
狄氏剂	杀虫剂	0.02	螺虫乙酯	杀虫剂	0.2*
敌百虫	杀虫剂	0.2	氯苯嘧啶醇	杀菌剂	0.05
敌敌畏	杀虫剂	0.2	氯吡脲	植物生长调节剂	0.1
敌螨普	杀菌剂	0.5*	氯虫苯甲酰胺	杀虫剂	0.3*
地虫硫磷	杀虫剂	0.01	氯丹	杀虫剂	0.02
啶虫脒	杀虫剂	2	氯氟氰菊酯和高效氯氟氰菊酯	杀虫剂	0.05
啶酰菌胺	杀菌剂	3	氯化苦	熏蒸剂	0.05*
毒杀芬	杀虫剂	0.05*	氯菊酯	杀虫剂	2
对硫磷	杀虫剂	0.01	氯氰菊酯和高效氯氰菊酯	杀虫剂	0.07
多杀霉素	杀虫剂	0.2	氯唑磷	杀虫剂	0.01

续　表

农药名称	主要用途	最大残留限量/(毫升/千克)	农药名称	主要用途	最大残留限量/(毫升/千克)
氟虫腈	杀虫剂	0.02	醚菌酯	杀菌剂	1
甲胺磷	杀虫剂	0.05	灭多威	杀虫剂	0.2
甲拌磷	杀虫剂	0.01	灭菌丹	杀菌剂	3
甲基对硫磷	杀虫剂	0.02	灭线磷	杀线虫剂	0.02
甲基硫环磷	杀虫剂	0.03*	灭蚁灵	杀虫剂	0.01
甲基异柳磷	杀虫剂	0.01*	内吸磷	杀虫/杀螨剂	0.02
甲硫威	杀软体动物剂	0.2	七氯	杀虫剂	0.01
嗪氨灵	杀菌剂	0.5	特丁硫磷	杀虫剂	0.01
氰戊菊酯和S-氰戊菊酯	杀虫剂	0.2	涕灭威	杀虫剂	0.02
噻苯隆	植物生长调节剂	0.05*	戊菌唑	杀菌剂	0.1
噻虫啉	杀虫剂	0.2	戊唑醇	杀菌剂	0.15
噻螨酮	杀螨剂	0.05	烯酰吗啉	杀菌剂	0.5
三唑醇	杀菌剂	0.2	辛硫磷	杀虫剂	0.05
三唑酮	杀菌剂	0.2	溴螨酯	杀螨剂	0.5
杀虫脒	杀虫剂	0.01	氧乐果	杀虫剂	0.02
杀螟硫磷	杀虫剂	0.5*	乙酰甲胺磷	杀虫剂	0.5
杀扑磷	杀虫剂	0.05	异狄氏剂	杀虫剂	0.05
杀线威	杀虫剂	2	抑霉唑	杀菌剂	2
双炔酰菌胺	杀菌剂	0.5*	蝇毒磷	杀虫剂	0.05
霜霉威和霜霉威盐酸盐	杀菌剂	5	增效醚	增效剂	1
水胺硫磷	杀虫剂	0.05	治螟磷	杀虫剂	0.01
四螨嗪	杀螨剂	0.1	/	/	/

注：摘自《食品安全国家标准　食品中农药最大残留限量》(GB 2763—2016)，“*”表示该限量为临时限量。

五、禁止在蔬菜上使用的农药品种[1]

主要用途	中文通用名	禁用原因
杀虫剂/杀螨剂/杀线虫剂	苯线磷、地虫硫磷、对硫磷、甲胺磷、甲基对硫磷、甲基硫环磷、久效磷、磷胺、特丁硫磷、蝇毒磷、治螟磷、甲拌磷、甲基异柳磷、硫环磷、氯唑磷、内吸磷、硫线磷、水胺硫磷、氧乐果、克百威、涕灭威、灭多威、灭线磷	高毒
	艾氏剂、滴滴涕、狄氏剂、毒杀芬、林丹、异狄氏剂、硫丹、六六六、氯丹、七氯、十氯酮、灭蚁灵	高残留，持久有机污染
	杀虫脒	慢性毒性、致癌
	氟虫腈	对蜜蜂、水生生物等剧毒
	三唑磷、毒死蜱	农药残留超标风险高
	乐果、乙酰甲胺磷、丁硫克百威[2]	代谢产物高毒高残留
	三氯杀螨醇[3]	工业品种含有一定数量的 DDT
杀菌剂	六氯苯	致癌、致畸、致突变
	敌枯双	致畸
	福美胂，福美甲胂，汞制剂及砷、铅类	重金属残留、残毒
	硫酸链霉素	生物富集风险
除草剂	胺苯磺隆、甲磺隆、氯磺隆	残效期长，易药害
	百草枯（水剂）[3]	高毒且无特效解毒剂
	除草醚	致癌、致畸、致突变
	2，4－滴丁酯	易药害以及对水生生物高毒

续　表

主要用途	中文通用名	禁用原因
杀鼠剂	氟乙酰胺、氟乙酸钠、毒鼠硅、毒鼠强、甘氟	剧毒
	磷化钙、磷化镁、磷化锌	高毒，易燃易爆
熏蒸剂	二溴乙烷、二溴氯丙烷、溴甲烷[4]	致癌、致畸
	氯化苦	高残留

注：1. 根据《斯德哥尔摩公约》和农业部相关公告等整理汇总。根据《农药管理条例》等相关法律法规的规定，任何剧毒、高毒农药不得用于瓜果蔬菜生产。

2. 根据农业部第2552号公告，自2019年8月1日起，禁止乙酰甲胺磷、乐果、丁硫克百威在蔬菜生产上使用。

3. 根据农业部第2445号公告，自2016年7月1日起停止百草枯水剂在国内销售和使用，自2018年10月1日起全面禁止销售、使用三氯杀螨醇。

4. 农业部第2289号和第2552号公告，自2019年1月1日起，溴甲烷农药登记使用范围变更为“检疫熏蒸处理”，禁止含溴甲烷产品在农业上使用。

六、西瓜与甜瓜病虫绿色防控常用药剂索引表

商标、含量及剂型	中文通用名	主要防治对象
阿克白 50% 可湿性粉剂	烯酰吗啉	猝倒病、疫病、绵腐病、霜霉病
阿立卡 22% 微囊悬浮－悬浮剂	噻虫·高氯氟	瓜蚜、黄足黄守瓜
阿米多彩 560 克 / 升悬浮剂	嘧菌·百菌清	蔓枯病
阿米妙收 325 克 / 升悬浮剂	苯甲·嘧菌酯	枯萎病、根腐病、炭疽病
阿米西达 250 克 / 升悬浮剂	嘧菌酯	白粉病、炭疽病
爱多收 1.8% 水剂	复硝酚钠	增强植株生长势
艾法迪 22% 悬浮剂	氰氟虫腙	斜纹夜蛾
艾绿士 60 克 / 升悬浮剂	乙基多杀菌素	瓜绢螟、美洲斑潜蝇、蓟马
安绿丰 1.5% 微囊悬浮剂	精高效氯氟氰菊酯	美洲斑潜蝇、瓜蚜、黄足黄守瓜
百泰 60% 水分散粒剂	唑醚·代森联	蔓枯病、靶斑病、轮纹斑病、叶枯病、炭疽病
倍内威 10% 可分散油悬浮剂	溴氰虫酰胺	瓜绢螟、烟粉虱、美洲斑潜蝇、瓜蚜、蓟马、斜纹夜蛾
碧翠 16% 水分散粒剂	二氰·吡唑酯	炭疽病
碧生 20% 悬浮剂	噻唑锌	细菌性角斑病、细菌性果腐病、细菌性叶斑病
大生 M-45 80% 可湿性粉剂	代森锰锌	靶斑病、轮纹斑病、叶枯病
度锐 300 克 / 升悬浮剂	氯虫·噻虫嗪	黄足黄守瓜
好力克 430 克 / 升悬浮剂	戊唑醇	蔓枯病
家保福 1% 颗粒剂	联苯·噻虫胺	根结线虫病、黄足黄守瓜
健达 42.4% 悬浮剂	唑醚·氟酰胺	白粉病、灰霉病、菌核病
金雷 68% 水分散粒剂	精甲霜·锰锌	猝倒病、疫病、绵腐病、霜霉病
金满枝 20% 悬浮剂	丁氟螨酯	朱砂叶螨

续 表

商标、含量及剂型	中文通用名	主要防治对象
凯恩 150 克 / 升乳油	茚虫威	瓜绢螟、斜纹夜蛾
凯津 38% 水分散粒剂	唑醚 · 啶酰菌	白粉病
凯润 250 克 / 升乳油	吡唑醚菌酯	炭疽病
凯泽 50% 水分散粒剂	啶酰菌胺	灰霉病、菌核病
可杀得叁千 46% 水分散粒剂	氢氧化铜	枯萎病、根腐病、靶斑病、轮纹斑病、细菌性角斑病、细菌性果腐病等
雷通 240 克 / 升悬浮剂	甲氧虫酰肼	斜纹夜蛾
亮盾 62.5 克 / 升悬浮种衣剂	精甲 · 咯菌腈	立枯病、蔓枯病、枯萎病、根腐病
露娜润 35% 悬浮剂	氟菌 · 戊唑醇	炭疽病
露娜森 43% 悬浮剂	氟菌 · 肟菌酯	白粉病
绿妃 29% 悬浮剂	吡萘 · 嘧菌酯	白粉病
美除 50 克 / 升乳油	虱螨脲	斜纹夜蛾
帕力特 240 克 / 升悬浮剂	虫螨腈	斜纹夜蛾
扑海因 50% 可湿性粉剂	异菌脲	灰霉病、菌核病
品润 70% 水分散粒剂	代森联	蔓枯病、靶斑病、轮纹斑病、叶枯病、炭疽病
普尊 5% 悬浮剂	氯虫苯甲酰胺	瓜绢螟、斜纹夜蛾
瑞凡 23.4% 悬浮剂	双炔酰菌胺	猝倒病、疫病、绵腐病、霜霉病
瑞镇 50% 水分散粒剂	嘧菌环胺	灰霉病、菌核病
世高 10% 水分散粒剂	苯醚甲环唑	蔓枯病、白粉病
双美清 18% 悬浮剂	吲唑磺菌胺	疫病、绵腐病、霜霉病
特福力 22% 悬浮剂	氟啶虫胺腈	烟粉虱、瓜蚜、蓟马
银法利 687.5 克 / 升悬浮剂	氟菌 · 霜霉威	猝倒病、疫病、绵腐病、霜霉病

七、配制不同浓度药液所需农药换算表

农药稀释倍数	需配制药液量/升								
	1	2	3	4	5	10	20	30	40
50	20.0	40.0	60.0	80.0	100	200	400	600	800
100	10.0	20.0	30.0	40.0	50.0	100	200	300	400
200	5.00	10.0	15.0	20.0	25.0	50.0	100	150	200
300	3.40	6.70	10.0	13.4	16.7	34.0	67.0	100	134
400	2.50	5.00	7.50	10.0	12.5	25.0	50.0	75.0	100
500	2.00	4.00	6.00	8.00	10.0	20.0	40.0	60.0	80.0
1000	1.00	2.00	3.00	4.00	5.00	10.0	20.0	30.0	40.0
2000	0.50	1.00	1.50	2.00	2.50	5.00	10.0	15.0	20.0
3000	0.34	0.67	1.00	1.34	1.70	3.40	6.70	10.0	13.4
4000	0.25	0.50	0.75	1.00	1.25	2.50	5.00	7.50	10.0
5000	0.20	0.40	0.60	0.80	1.00	2.00	4.00	6.00	8.00

［例1］ 某农药使用浓度为3000倍，使用的喷雾机容量为30升，配制1桶药液需加入的农药量为多少？

先在农药稀释倍数栏中查到此3000倍，再在配制药液量目标值的表栏中查30升的对应值，两栏交叉点10.0克或毫升，为查对换算所需加入的农药量。

［例2］ 某农药使用浓度为1000倍，使用的喷雾机容量为12.5升，配制1桶药液需加入农药量为多少？

先在农药稀释倍数栏中查到1000倍，再在配制药液量目标值的表栏中查10升、2升、1升的对应值，两栏交叉点分别为10.0＋2.0＋0.5（1升表值为1.0，则0.5升为0.5），累计得12.5克或毫升，为查对换算所需加入的农药量。

［例3］某农药使用浓度为1500倍，使用的喷雾机容量为7.5升，配制1桶药液需加入农药为多少？

本例中所使用的农药浓度和喷雾剂容量都不是表中的标准数据，对于此类情况可以直接用下列公式计算：

所需的农药制剂数量（克或毫升）＝

［配制药液的目标数量（千克或升）÷ 农药稀释倍数］×1000

本例所需加入的农药量为（7.5÷1500）×1000＝5（克或毫升）。上述公式对例1和例2同样适用。

八、国内外农药标签和说明书上的常见符号

a.i.（active ingredient） 有效成分

ADI（acceptable daily intake） 每日允许摄入量

AS（aqueous solution） 水剂

CS（capsule suspension） 微囊悬浮剂

DC（dispersible concentrate） 可分散液剂

DP（dustable powder） 粉剂

EC（emusifiable concentrate） 乳油

EW（emulsion，oil in water） 水乳剂

FU（smoke generator） 烟剂

GR（granule） 颗粒剂

KT_{50}（median knockdown time） 击倒中时间

LC_{50}（median lethal concertation） 致死中浓度

LD_{50}（median lethal dose） 致死中量

LT_{50}（median lethal time） 致死中时间

MAC［maximum (maximal) allow-able concentration］ 最大允许浓度

ME（micro emulsion） 微乳剂

MG（micro granule） 微粒剂

NPV（nuclear polyhedrosis virus） 核多角体病毒

RB（bait） 毒饵及饵剂

SC/FL（suspension concentrate / flowable concentrate） 悬浮剂

SG（water soluble granule） 可溶粒剂

ULV spray（ultra low volume spray） 超低容量喷雾

VP（vapour releasing product） 熏蒸剂

WDG（water dispersible granule） 水分散粒剂

WP（wettable powder） 可湿性粉剂

WT（water soluble tablet） 可溶性片剂

参考文献

[1] 中国农业科学院植物保护研究所，中国植物保护学会. 中国农作物病虫害[M]. 第三版.北京：中国农业出版社，2014.

[2] 吕佩珂，苏慧兰，高振江. 西瓜甜瓜病虫害诊治原色图鉴[M]. 北京：化学工业出版社，2013.

[3] 郑建秋. 现代蔬菜病虫鉴别与防治手册[M]. 北京：中国农业出版社，2004.

[4] 戚自荣，诸亚铭，裘建荣，等. 慈溪市哈密瓜菌核病的发生与防治[J]. 长江蔬菜，2007，(07)：32.

[5] 刘志恒，刘芳岑，黄欣阳，等. 西瓜菌核病菌生物学特性的研究[J]. 沈阳农业大学学报，2013，44（1）：32-36.

[6] 李旭，赵娟，徐帅，等. 甜瓜枯萎病及其综合防治研究进展[J]. 中国植保导刊，2014，34，(12)：17-21.

[7] 周广熊. 西瓜细菌性果腐病的发生与防治[J]. 中国蔬菜，2006，(1)：56.

[8] 林燚. 设施西瓜根腐病发生规律及防治技术[J]. 现代农业科技，2006，(10)：79-80.

[9] 王毓洪，黄芸萍，宋承申，等. 西瓜专用砧木FR神通力及其嫁接育苗技术[J]. 种子科技，2006（4）:48-49.

[10] 姜利农，张桢. 西瓜的嫁接育苗[J]. 农家致富，2008（24）：32-33.

[11] 宫本重信，黄坚. 太阳热＋石灰氮土壤消毒法[J]. 宁波农业科技，2010（1）：31-32.

[12] 辛丰. 稻曲病防治有效方法——生石灰土壤消毒[J]. 农业科技与信息，2006（4）：31.